中国畜养产污综合区划及趋势研究

付 强 著

科学出版社
北 京

内 容 简 介

本书在分析农业非点源污染机理、构建畜养产污综合区划指标体系的基础上，利用多种空间统计分析方法，参考多种区划方案进行中国畜养产污的区域区划。以东北区为典型区核算多尺度的指标数据，借助数理统计和空间分析方法进行主要影响因素研究，并探索基于主导因素的类型区划方法。以畜禽养殖数据为基础，进行畜禽养殖及畜养产污空间格局和时间序列特征的核算研究。

本书可作为高校地理学、农业科学、环境科学相关专业人员的研究参考资料，也可作为畜禽养殖业管理与治理、行政管理人员的参考资料。

图书在版编目（CIP）数据

中国畜养产污综合区划及趋势研究/付强著. —北京：科学出版社, 2019. 1
ISBN 978-7-03-060392-0

Ⅰ. ①中… Ⅱ. ①付… Ⅲ. ①畜禽-养殖场-污染防治-研究 Ⅳ. ①X713

中国版本图书馆 CIP 数据核字 (2019) 第 001412 号

责任编辑：周 丹 沈 旭 ／责任校对：杨聪敏
责任印制：张欣秀／封面设计：许 瑞

科学出版社 出版
北京东黄城根北街 16 号
邮政编码：100717
http://www.sciencep.com

北京九州迅驰传媒文化有限公司 印刷
科学出版社发行 各地新华书店经销
*
2019 年 1 月第 一 版 开本：720×1000 1/16
2019 年 1 月第一次印刷 印张：9 1/4
字数：200 000

定价：99.00 元

(如有印装质量问题，我社负责调换)

前　言

中国是水资源严重不足的国家，目前面临着水资源短缺和水环境污染的双重压力。点源污染和非点源污染共同作用导致了水环境的恶化，而随着点源污染防治水平的提高，非点源污染尤其是农业非点源污染已成为水环境污染的主要污染源之一。2010 年发布的《第一次全国污染源普查公报》表明，畜禽养殖污染源是我国农业非点源污染的主要来源之一。然而，在中国的农业非点源污染管理与控制工作中存在着基础数据缺乏、实地实验区域覆盖不全、流域尺度定量化分析不足等突出问题。因此，在中国畜禽养殖污染研究中，基本数据获取与核算、结合土地利用方式特别是耕地进行产污分析、全国畜养产污规律等是研究的核心环节。鉴于此，本书尝试基于空间分析、数据驱动的中国畜养产污综合区划方法研究，期望寻求一种借助现有统计和调查资料进行全国范围畜养产污的分区方法。还有，随着地理学方法的引入，一些分析不同空间尺度畜禽养殖污染空间格局、趋势的成果出现，但这些文献中采用的畜禽养殖业污染的核算标准各不相同，本书瞄准畜禽养殖业产污核算领域，也期望为该领域的研究人员寻求畜养产污的核算方法。

在国内外文献综述的基础上，本书的研究思路是：首先，分析农业非点源污染机理，并构建畜养产污综合区划指标体系；然后，利用优化的等值图分级方法，参考中国自然区划、中国畜牧业综合区划、中国综合农业区划和畜养污染减排核算分区进行中国畜养产污的区域区划；接着，尝试以东北区为典型区核算多尺度的指标数据，借助数理统计和空间分析方法进行其影响因素的分析，进而探索基于主导因素的类型区划方法；最后，尝试选取现有的面板数据分析中国畜禽规模化养殖的区域差异，选取河南省作为畜养产污核算方法的案例省份研究单个省份的畜养产污时间序列趋势。通过一系列研究，本书取得了一些成果：第一，构建了中国畜养产污综合区划指标体系，包括自然条件、农业基础条件、农业社会经济条件、农业种养情况和产污情况等五类，其中共有 12 个二级指标和 31 个三级指标；第二，设计了定量分析与定性分析相结合、区域区划与类型区划相结合的产污综合区划方案；第三，得到了产污综合区划一级分区方案，包括甘新蒙区、北蒙黑区、青藏区、东北区、黄土高原区、内蒙古及长城沿线区、黄淮海区、西南区、长江中下游区和华南区十个一级区；第四，以东北区为例，采用多尺度指标数据，通过多种统计方法筛选了东北区畜养产污的影响因素，并探索了各种因素的空间分异规律；第五，探索了利用年鉴数据分析特殊时段规模化畜禽养殖的区域差异；第六，探索了对接污染源普查核算工作，并综合考虑各畜种的养殖周期、养殖阶段的畜养产污核算方法，并以养殖大省河南省为案例进行时间序列数据的研究。

全书以中国畜养产污综合区划及趋势分析方法为主线，主要分为三个部分。第一部分为中国畜养产污综合区划研究，包括研究概述（第 1 章）、方法设计（第 2、3 章）和中国畜养产污综合区划（第 4 章）；第二部分为中国畜养产污影响因素研究，包括格数据的影响因素探索性分析（第 5 章）、格网化数据的影响因素分析（第 6 章）和影响因素的地理加权回归分析（第 7 章）；第三部分为畜禽养殖时空趋势及产污核算研究，包括规模化畜禽养殖量的区域差异研究（第 8 章）、省域畜禽养殖研究（第 9 章）和基于时间序列数据的省域畜养产污核算研究（第 10 章）。

需要说明的是本书瞄准中国畜养产污时空特征研究领域，尝试探索适用于该领域研究需求的研究方法，方法本身对数据要求不高。但是，由于不同的统计口径（污染源普查、农业调查、统计年鉴、实地调查等）获取的数据有一些差异，故而针对本书各个部分的研究目的，作者选取了适用于该阶段研究目标的相关数据，特做如下说明：①本书前两篇涉及复杂的自然、社会经济和农业经济领域的相关数据，选取全国第一次污染源普查年（2007 年）作为全书前两部分的研究数据选取时点；②中国规模化畜禽养殖的数据时段选取 2006 年《全国畜牧业发展第十一个五年规划》“转变畜牧业生产方式，加快畜牧业现代化进程”策略的前后时间段（2002~2009 年），有针对性地进行规模化畜禽养殖区域差异规律的探索；③省域畜养产污核算重在核算方法的提出和综合运用，选取单个省份的较长时间序列数据开展研究（河南省 2000~2014 年年鉴数据），由于养殖、种植数据来源于河南统计年鉴、调查年鉴、河南农村统计年鉴等不同年鉴，为保证研究数据的完整性选取了 2000 年以来的 15 个年度的数据进行研究。另外，为简化表述，本书中采用“畜养产污”表述畜禽养殖业产污，所述产污量包含猪、牛、鸡等的养殖产污。

本书的研究定位中国畜养产污时空规律的研究，是地理学、经济学、农业环境科学等研究领域的综合交叉。畜养产污空间格局的研究，尤其是畜养产污综合区划的研究，是中国农业非点源污染研究领域研究方法体系的重要补充，是定性分析与定量分析相结合、“自上而下与自下而上”区划方法相结合和空间统计分析方法综合应用的又一案例。本书尝试以地理学的区划视角切入农业环境污染问题，在畜禽养殖业污染的产污核算空间格局、时序规律方面进行研究探索，以期构建畜养产污时空特征研究的基本研究方法体系。本书是项目组全体成员集体智慧的结晶，全书由付强副教授担任主编，杨红新老师参编。诸云强研究员、吴根义教授分别在数据规范、畜养产污核算方面给予了专业指导，尹佳文、杨壮、牛智慧、许文璐等参与部分章节编写及参考文献著录格式的修订，在此向他们表示感谢！

感谢国家自然科学基金青年科学基金（41501435）对本书的资助，感谢河南师范大学为作者提供的研究条件保障，感谢科学出版社周丹编辑及审校工作人员的辛勤付出！由于作者认识水平有限，书中难免存在不足之处，敬请读者批评指正！

作　者

2018年9月

目　录

第一篇　中国畜养产污综合区划研究

第二篇 中国畜养产污影响因素研究

第三篇 畜禽养殖时空趋势及产污核算研究

第一篇　中国畜养产污综合区划研究

第 1 章　中国畜养产污综合区划研究概述

1.1　非点源污染及畜禽养殖污染现状与防治

1.1.1　非点源污染现状

人类发展面临的人口、资源和环境三大问题与水资源的开发与利用密切相关，在 21 世纪，水资源也日益成为全球性的战略资源。《世界水发展报告》第三部指出，随着气候变化、人口增长和经济的发展，预计到 2025 年缺水人口将增至 35 亿人，涉及 40 个国家和地区。水问题的不断恶化不仅将制约世界经济和发展，还将进一步破坏自然生态系统，人类生存也将受到严重威胁（李强坤, 2010）。水资源问题关系到卫生、健康、环境、城市、食品、工业和能源生产等，因此 21 世纪将是水质问题和水资源管理最为重要的世纪（World Water Assessment Programme, 2001）。

中国人均水资源占有量不到世界平均水平的三分之一，是水资源严重不足的国家，目前也面临着水资源短缺和水环境污染的双重压力（朱梅, 2011）。近年来，由环保部发布的《中国环境状况公报》表明，我国淡水环境的总体状况是污染较重的。2010 公报（2011 年发布）指出我国七大水系总体为轻度污染，浙闽区河流和西南诸河水质良好，西北诸河水质为优，湖泊（水库）富营养化问题突出。204 条河流 409 个地表水国控监测断面中，Ⅰ~Ⅲ类、Ⅳ~Ⅴ类和劣Ⅴ类水质的断面比例分别为 59.9%、23.7%和 16.4%。主要污染指标为高锰酸盐指数、五日生化需氧量和氨氮。其中，长江、珠江水质良好，松花江、淮河为轻度污染，黄河、辽河为中度污染，海河为重度污染。26 个国控重点湖泊（水库）中，满足Ⅱ类水质的 1 个，占 3.8%；Ⅲ类的 5 个，占 19.2%；Ⅳ类的 4 个，占 15.4%；Ⅴ类的 6 个，占 23.1%；劣Ⅴ类的 10 个，占 38.5%。主要污染指标是总氮和总磷。大型水库水质好于大型淡水湖泊和城市内湖。

根据污染源发生类型，水环境污染常分为点源污染和非点源污染（Shrestha et al., 2008）。诸如工业废水排放等的点源污染有固定的排放位置且排放集中，而畜禽养殖排放的非点源污染没有固定的排放位置且向环境中的排放不连续，不能借助一般的污水处理方法改善水质（王晓燕, 2003）。一般从源强角度将非点源污染分为农田径流、畜禽养殖污水、城市径流、矿山径流和农村生活污水等五类，这种分类有利于认识各类非点源污染的规律，为非点源污染的控制提供参考依据（郝芳华等,

2006）。

点源污染和非点源污染共同作用导致了水环境恶化（李强坤, 2010）。随着点源污染防治水平的不断提高，导致水体污染的主要原因已变为非点源污染，而造成水源地污染的主要是农业非点源污染（柳建国, 2009）。据测算，农业非点源污染已影响世界 30%~50%的陆地面积，其在 12 亿公顷退化耕地中的污染贡献率占 75%左右，它也是水体氮磷污染的主要来源（Candela, 1991; Corwin et al., 1998）。非点源污染尤其是农业非点源污染已成为当今水环境污染的主要污染源之一，严重威胁着人类的生存与发展，该问题已引起世界各国的普遍关注（郭鸿鹏等, 2008）。

1.1.2　畜禽养殖污染现状

随着畜禽养殖业经营方式的转变，20 世纪中后期因畜禽养殖而造成的环境污染逐渐成为严重的社会问题。在发达国家，集约化养殖因畜禽产品需求的快速增加而迅速发展，产生的畜禽养殖废弃物超出了土地的消纳能力，其污染问题越来越突出。20 世纪 60 年代日本的“畜产公害”事件使畜禽养殖业的污染问题首次被作为社会“公害”问题，同时在美国的东北部、德国的西北部、意大利的波河流域、法国的布列塔尼地区、荷兰、亚洲的东南海岸及中国的大部分平原地区也出现了大量的土地养分过剩的情况（Steinfeld et al., 1997）。在来自美国宾夕法尼亚州的种养混合农场的土壤样品中，有四成的磷钾水平过量（Narrod et al., 1994）。在法国布列塔尼地区，土壤氮含量超过 40mg/L 的地区从 20 世纪 80 年代的一个区到 90 年代中期的全部八个区（Brandjes et al., 1995）。

我国学者也对区域畜禽养殖废弃物污染的分布进行了调查研究，如上海市郊集约化的大中型畜禽场粪便流失（沈根祥等, 1994）、小苏州河畜禽污染治理（丁永良等, 1999）、广州市禽畜粪便废水 COD 和北京市畜禽养殖业废水 BOD（彭里等, 2006）等。我国的畜禽养殖业经历了六个发展阶段，即 1950~1957 年的“私养公助”的恢复阶段、1958~1961 年的产量急剧下降阶段、1962~1965 年调整时期的迅速发展阶段、1966~1976 年的饲养量下降阶段、1977~1985 年的恢复大发展阶段和 1986 年至今的高速发展阶段（宋福忠, 2011）。我国集约化畜禽养殖起步较晚但发展迅猛，从 20 世纪 80 年代起养殖年均增长约 10%，产值在 20 年间增加近五倍（张克强和高怀友, 2004）。2007 年全国畜禽粪便总量约 26 亿吨，是同期工业固体废弃物的 2.28 倍，而到 2020 年我国畜禽粪便产生量预计将达 41 亿吨（马永喜, 2010）。2008 年全年生猪、肉牛、奶牛、肉鸡和蛋鸡的规模化养殖比例已分别达到 56.2%、38.0%、36.1%、81.6%和 76.9%，规模化养殖已成为我国畜禽养殖的主要生产方式（武淑霞, 2005）。

畜禽养殖从散养向规模化方向发展，其养殖总量的地域差异随时间进一步增大，地域产业化和规模化程度不断提高（彭里, 2009; 张维理等, 2004b, 2004c）。但是规模化养殖也带来了集中排放的问题，如法国布列塔尼公用水硝酸盐含量超标

（Gerared-Marchant et al., 2005）、美国俄克拉荷马州沿海养猪场排放的硝酸盐（Thoma et al., 2005）和上海市郊集约化的大型畜禽场粪便流失造成地面及地下水质的污染危害（彭里, 2009）等。

我国针对畜禽养殖污染采取了一些政策措施。国家层面有八部法律与畜禽养殖污染防治相关，即畜牧法、农业法、固体废物污染环境防治法、清洁生产促进法、循环经济促进法、水污染防治法、大气污染防治法和动物防疫法。前五部明确提及畜禽养殖污染，后三部与畜禽养殖污染间接相关。2001 年，原国家环保总局颁布《畜禽养殖污染防治管理办法》、《畜禽养殖业污染防治技术规范》和《畜禽养殖业污染物排放标准》等三部规章，是目前我国防治畜禽养殖污染的主要政策依据。同时，国家对畜禽养殖污染防治的政策主要有技术规范类政策（选址要求、场区布局等）、行政管理类政策（排污标准、排污申报等）和环境经济政策（财政专项资金支持、税收优惠或减免等）三种类型（彭新宇和张陆彪, 2009）。

《2010 中国环境状况公报》指出我国农村环境问题日益突出，农业源污染物排放总量较大，总体形势十分严峻，突出表现为：畜禽养殖污染物排放量巨大，农业非点源污染形势严峻；农村生活污染局部增加，农村工矿污染凸显；城市污染向农村转移有加速趋势，农村生态退化尚未得到有效遏制。2010 年公布的《第一次全国污染源普查公报》中指出：在我国，农业源的主要水污染物占比重很大，四成以上的主要水污染物排放量来自农业污染源。农业源污染物排放中，COD 排放量为 1324.09 万 t，占水环境 COD 排放总量的 43.7%。《第一次全国污染源普查公报》表明农业非点源污染已经成为我国地表水污染的主要来源。而在农业非点源污染中，畜禽养殖污染的 COD、总氮和总磷分别占农业污染源的 96%、38%和 56%，是农业非点源污染的主要来源之一（吴丹, 2011）。

1.1.3　污染防治及面临问题

畜禽养殖污染已成为中国日益严重的环境问题，目前我国的畜禽养殖业发展有如下趋势（郭金松和胡时庆, 2006）：①畜禽养殖业向城郊和边远地区转移；②趋向发展育肥猪、育肥牛、快速养鸡等快生长型畜禽养殖；③自发性和随意性较强，环境管理滞后、污染治理措施不足，畜禽养殖业集中地区出现较严重环境污染。总之，畜禽养殖业的环境污染总量增加、程度加剧、范围扩大，对区域环境造成巨大压力。因此，如何在特定生态、社会、经济环境下发展畜禽养殖业，同时保证区域的可持续发展，成为目前急需解决的重要问题（宋福忠, 2011）。

虽然中国的农业非点源污染在近年来得到了重视，也取得了一些研究成果，但是仍然存在着缺少系统的农业非点源污染基础数据、缺乏广泛的实地实验、流域尺度定量化研究薄弱、控制与管理研究滞后等问题（朱梅, 2011）。这些存在的诸多难题对畜禽养殖污染控制与管理及其他相关研究提出了更多的需求。

首先，非点源污染研究的关键是基本数据的获取（邹桂红, 2007）。然而，由于其间歇性、随机性、突发性和不确定性，非点源污染的基础数据收集难度大、周期长、效率低、费用高、可靠性差。同时，野外实测方法多作为辅助非点源污染模型的验证和参数校正，很难进行全国范围的实测（余炜敏, 2005）。全国尺度上的大面积区域研究和管理监测工作较为缺乏，致使基于定量分析的全国尺度畜养产污格局的研究少有涉及。国家近年来投入了大量的人力物力开展农业源污染系数的调查，编制了全国的农业源产排污系数手册，作为农业源污染核算的指导。但是，对于畜禽养殖来说，随着气候、养殖品种和养殖模式、市场需求的不断变化，不同地区、不同季节的产排情况会受以上因素的影响，产排污系数手册也仅能作为产排污核算基数的参考标准。因此，研究一种针对全国范围不同区域尺度的畜养产污量核算及其影响因素探索的方法是畜禽养殖污染研究的重要需求。

再者，虽然有很多畜禽养殖业废弃物的处理方法，但是考虑到诸如技术优势、处理投资、运行费用、操作便利程度等因素，目前还不能找出单一的处理方法达到所要求的满意效果。在相当长的时期内，畜禽粪便处理的主要渠道仍然是还田利用（彭里, 2009）。因此，结合土地利用方式特别是耕地进行畜禽养殖的产污分析有重大的实际需求，研究畜养产污与农田消纳的关系十分必要。

还有，我国自然环境、社会经济的地域分异导致畜禽养殖业发展速度和水平存在区域差异。同时，我国不同区域农业基础条件、农作方式的差异也导致有机污染物纳污能力的不均衡分布。因养殖结构的差异，不同时段、区域的养殖规模和污染物的产生量不均衡，造成畜养产污的时空分布差异。然而，现有畜禽养殖污染的研究主要基于特定地域，全国尺度上各区域的畜禽养殖污染分布研究较少，不同时间段变化的研究也不多（彭里, 2009）。因此，不同区域畜禽养殖污染排放的时空演变、全国畜养产污规律、不同区域畜禽粪便土壤适宜负荷量、不同地区与畜养产污密切相关的影响因素识别等是今后研究的重点。

1.2　中国畜养产污综合区划研究的意义

本书提出中国畜养产污综合区划方法研究，研究目标是提出一种从现有统计和调查资料出发、数据驱动的全国层面畜养产污的分区方法，同时以典型区为例探索区域影响因素分析及基于影响因素的分区划分方法，主要涉及三个方面：第一，分析农业非点源污染机理，构建畜养产污区划指标体系；第二，基于所构建的区划指标体系，采用数据驱动的、定量定性相结合的方法进行中国畜养产污区划研究；第三，基于多尺度的研究数据，借助多种统计和空间分析方法，选取典型区进行主要影响因素的研究，同时探索基于主导因素的分区方法。

中国畜养产污区划指标体系的提出，将对在全国范围不同区域尺度上进行畜禽养殖污染的研究有重要的意义。测量不同步、数据保密、养殖量市场波动等原因造成产排污实测资料获取困难或严重缺失，但中国畜养产污综合区划指标体系的构建需要基于现有统计和调查数据、地学数据科技基础条件平台共享数据来开展，因此提供一种基于现行可获取数据来核算畜养产污量的方法，为进行多尺度畜养产污分析提供支撑是必要的。

中国畜养产污综合区划研究为进行全国尺度的畜养产污的相关研究提供区域划分的参考。同时，本区划中采用考虑自然条件、农业基础条件的区域区划与考虑农业社会经济条件、农业种养条件的典型区类型区划相结合的综合区划方法，能够为其他专业领域的综合区划提供方法参考。畜养产污影响因素的分析方法对典型区外的其他区域的影响因素分析有参考价值，同时影响因素及其分布规律对了解畜禽养殖污染的区域分布、科学合理制定畜养污染物的处理政策、维护环境质量和农业可持续发展等方面都具有重要的意义。

1.3　畜禽养殖污染相关研究

作为研究的基础，本节从国内外的农业非点源污染研究、畜禽养殖污染危害与污染物估算、畜禽养殖污染空间分布与统计和综合区划研究四个方面进行文献综述。

1.3.1　国外的农业非点源污染研究进展

随着点源污染控制技术的发展，非点源污染成为全球范围的突出问题，因其范围广、控制难、模拟过程中涉及复杂的不确定因素，而成为水污染控制领域的热点问题（Shen et al., 2012）。受气候、降雨、地质地貌、植被的影响，非点源污染的发生存在随机性和间歇性，污染物形成和污染过程不同步，其发生与传输机理涉及多学科研究领域（Novotný and Chesters, 1981；邹桂红, 2007）。

欧美国家因非点源污染的严重危害而较早关注它，特别是发生较早、影响严重的农业非点源污染（曲环, 2007）。在欧洲，农业非点源排放的磷是造成地表水磷富集和地下水硝酸盐污染的首要原因（Vighi and Chiaudani, 1987）。在北海河口的污染物入海通量中，因农业非点源污染输入的总氮占 60%，总磷占 25%（Ongley, 1996）。根据英国环境署早在 1998 年的调查，英国 43%的地表水磷负荷源于农业（朱梅, 2011），爱尔兰大多数富营养化湖泊流域内没有明显的点源污染，瑞典来自农业的氮占不同流域总输入量的 60%~87%（Foy and Withers, 1995）。在荷兰，农业非点源污染对水体氮素和磷素的贡献率分别为 60%、40%~50%（Boers, 1996）。在芬兰，五分之一的湖泊水质恶化，仅农业非点源排放的磷素和氮素就占总排放量的 50%以上（Sharpley et al., 1994）。在奥地利北部地区，进入水环境的非点源氮量远远大于点源（Kronvang et al., 1996）。在丹麦，农业非点源污染对其 270 条河流中氮素和磷素的贡献率分别为 94%、52%（Kronvang et al., 1996）。

在美国，非点源污染占总污染量的三分之二，其中农业非点源污染占总量的 57%~75%（Ongley, 1996）。农业已成为全美河流污染的第一污染源，也成为美国水体的最大污染物来源（Tim and Jolly, 1994）。1992~1997 年，美国国家海洋和大气管理局（NOAA）调查了 138 个地区主要河口的富营养化问题，结果显示有 40%的河口由于氮素营养富集而出现严重的富营养化（Bricker et al., 1999），农业非点源污染成为被调查河流和湖泊水质的首要影响因素（USEPA, 2003；Bruulsema, 2004）。

发达国家历经农业生产污染的沉痛教训，意识到控制农业非点污染是控制和改善水环境质量和农村生产生活质量的主要问题之一，也总结出一些控制农业非点源污染的经验（Novotný, 1999; 曲环, 2007）。

（1）政策规范方面。欧盟制订了《农业环境规则》、《饮用水指令》和《硝酸盐指令》，美国制定了《资源保护与回收法》，日本制定了《再生资源法》、《包装容器再生利用法》和《节能与再生资源支援法》，德国制定了《循环经济法》和《包装条例》等（曲环, 2007）。

（2）技术支持方面。美国对农业非点源污染实行全国性控制，实施最优管理实践（BMPs），包括自 20 世纪 30 年代开始实施的保护性耕作制度[1983 年和 1993 年分别有 23%和 37%的土地采用（Bull and Sandretto, 1996）]、农田营养成分管理措施[包括对化学肥料和动物粪便的控制（Trachtenberg and Ogg, 1994）]等措施。1972 年美国的清洁水法标志其全民治理水污染的开始，主要通过控制进入水体的氮磷来减少农业非点源污染（Shortle and Abler, 2001）。

（3）税费方面。英国对农药生产发放许可证且对农药使用进行探索性征税，西班牙建立投入税，丹麦、瑞典和芬兰则针对化肥使用采用经济激励机制和主动权机制结合的管理方式（曲环, 2007）。

（4）补助和赔偿方面（曲环, 2007）。美国由政府承担用于环保的大部分资金投入。英国在硝酸盐敏感地区，农民可将全部或部分土地纳入补偿体系，同时限制自身农业生产。德国通过转移支付（富裕区向贫困区）实现地区公共服务水平的平衡。

国外非点源污染的定量研究开展较早，积累了大量的非点源污染估算模型，能够定量描述流域非点源污染的形成及其负荷。农业非点源污染模型经历了 20 世纪 50~60 年代的起步阶段、70~90 年代的经验统计到复杂机理的发展阶段、90 年代起至今的结合 3S 技术阶段等三个发展阶段（朱梅, 2011）。

起步阶段的代表模型有 USLE 通用土壤流失方程、SCS 径流曲线方程（SCS, 1967）和 Stanford 流域模型。SCS 和 USLE 在应用中被不断改进，至今还用在很多机理模型中。如 AGNPS(Young et al., 1989)、CREAMS(Knisel, 1980)、SWAT(Arnold et al., 1993) 等采用了 SCS 方法。

经验统计到复杂机理阶段的代表模型有 AGNPS 农业非点源污染模型、ANSWERS 流域非点源污染环境响应模拟模型、ARM 农田径流管理模型、CREAMS 农业管理系统化学污染物径流流失与土壤侵蚀流失模型、EPIC 农田小区土壤生产力评价模型、GLEAMS 农田系统地下水污染负荷效应模拟模型、WEPP 农田尺度水侵蚀预测模型等（朱梅, 2011）。

3S 技术应用于非点源污染模型阶段中，代表的模型有 AnnAGNPS（Tsou and Zhan, 2004）、BASINS（Whittemore, 1998）、SWAT 等。目前，常用的非点源污染核算方法主要有单元调查法（赖斯芸等, 2004）、综合调查法（唐莉华等, 2008; 钱秀红, 2001）、数学模型法（Grunwald and Frede, 1999; Mohammed et al., 2004; 赖斯芸等, 2004）、平均浓度法（李怀恩, 2000）、清单法（陈敏鹏等, 2006）、水质水量相关法（洪小康和李怀恩, 2000）等。

1.3.2　国内的农业非点源污染研究进展

20 世纪 70 年代以来，中国的水体污染特别是氮、磷富营养化问题急剧恶化，非点源污染成为湖泊水质恶化的主要原因之一（朱兆良等, 2006），如密云水库、洱海、于桥水库、巢湖等水域的非点源污染（何萍和王家骥, 1999）。20 世纪 80 年代初以来，中国的种植和养殖产业迅速发展。一方面，因农户过量施用化肥而导致单季作物化肥使用量数倍甚至数十倍于普通大田作物，达到平均 569~2000kg/hm^2。另一方面，因养殖规模扩张而导致畜禽粪便量急剧增加，远超农田可承载的安全警戒值，部分地区已达氮素 1721kg/hm^2、磷素 639kg/hm^2（张维理等, 2004b）。

近年来，我国的农业非点源污染已占中国全部水体污染的 1/3，且污染了近一半的地下水（崔键等, 2006），其影响的耕地面积也接近 2000 万 hm^2（章力建和朱立志, 2005）。2002 年，我国的非点源污染首次超越工业和城市污染；2005 年，氮、磷非点源污染的贡献率超过全国总污染负荷的 50%，非点源污染的化学需氧量贡献率占近四成（李强坤, 2010）；农业非点源的污染负荷入湖量超过我国东部湖泊污染负荷总入湖量的一半（李健忠等, 2008; 杨建云, 2004）。原国家环保局及中国农业科学院土壤肥料研究所等部门在严重污染流域的调查和研究也证实了农田、农村畜禽养殖和城乡接合部地带的生活排污是造成水体氮磷污染的主因，其贡献远超城市生活和工业点源（熊正琴等, 2002; 张维理等, 2004c）。

农业已成为我国非点源污染最广泛的行业，其污染物借由地表径流、农田排水与地下渗漏、挥发等途径进入水体、土壤和大气，在污染环境的同时对农产品安全、人体健康甚至农村和农业可持续发展构成了严重威胁（苏杨, 2006）。然而，我国农业非点源污染控制却存在着以下问题（曲环, 2007）：控制策略为“源头控制、分类处理”，但实践中缺乏对不同污染类型区、污染物和污染行业分类控制的有效管理、策略和技术；农业非点源污染控制的相关研究成果与实际工作脱节；相关法律和法规不健全；农民的环保和污染控制积极性不高，缺乏污染控制的农民受益保障体制和相应农业技术推广体系。

了解非点源污染的程度对非点源污染控制工作非常重要。一些学者整理了目前中国的非点源模型技术，比较了中国非点源污染负荷估算的几种方法，其研究表明这些方法多直接引自发达国家的模型（尤其是美国），可能不适用于中国的实际情况（Shen et al., 2012）。而国内学者设计的方法又比较简单，不能提供较好的估算。因此，中国未来的非点源污染模型研究的方向是国外模型的本地化，修订相关的过程并利用具有中国特征的关键指标进行研究（Zhang et al., 2011）。Ongley 等（2010）也研究了中国农业非点源污染的评估状况，在对比分析应用中的中美主要非点源估算方法基础上，指出经验研究不能作为模型修正的基础，美国的经验数据不能作为估算中国农业非点源污染技术的基础数据。基于此，他们提出了未来中国非点源污染研究的一系列的研究需求和政策发展建议。研究需求主要包括降雨–径流机制、灌溉径流、泥沙相关化学运输与侵蚀、化学径流、大气氮、非点源的定义、农村生活、经验模型修正、快速评估技术、综合研究等。政策发展建议主要有污染控制政策、作为第二政策目标、跨部门协作、领导阶层顾问团、小流域和单类土地利用类型的试验性水文观测系统、最优管理实践（BMPs）、国家级非点源数据目录、科研导向、教育导向、科学出版与同行互查等（Ongley et al., 2010）。

在研究层面，我国的农业非点源污染研究取得了一定的进展，但是由于非点源污染的复杂性、不同区域的主导因素、机理、过程有着较大的差别，相关研究多限于河流及流域[黄河（陈媛媛等, 2011）、渭河（Rong and Wei, 2010）、双阳河（Ma et al., 2009）、九龙河（Liu et al., 2008）、辽河（孙丽娜等, 2011）、海河（朱梅, 2011）、淮河（王江彦, 2011）]、湖泊[太湖（闫丽珍等, 2010）、巢湖（吴春蕾等, 2010）和滇池（赖珺, 2010）]、两角[长三角（钱晓雍, 2011）、珠三角（郜义萍, 2010）]、一市[北京（王依贺等, 2012）]和一海[渤海（黄现民和王洪涛, 2008）]等重点流域和地区，其他地区较少。在非点源污染的调查评估层面，缺乏规范和标准的指标体系，缺乏研究对象条件和试验方法的详细说明，全国范围的调查基础工作较少（赖斯芸等, 2004）。

总之，农业非点源污染是自然、社会经济因素综合作用的结果，其研究必须综合多学科、多手段的系统分析，重点研究领域包括（丁恩俊和谢德体, 2008）：农业非点源污染的背景调查；过程、机理、影响因素研究；污染评价指标体系和评价方法研究；检测和预警系统研究；负荷模型研究；污染区域控制原理、方法和技术体系研究；防控技术和模式的试验示范；污染的社会经济因素影响分析；污染区域防治的政策保障体系等。

1.3.3　畜禽养殖污染危害研究进展

人口增长导致畜禽产品需求增加，畜禽养殖技术发生变革，畜禽养殖业生产方式逐渐趋向集约化、农牧分离、畜禽粪便利用减少（Delgado, 1999）。畜禽养殖分散饲养向集约化养殖场转变；养殖场由农村和牧区向城郊转移，农牧脱节以致养殖污染物局部集中；化肥取代有机肥，畜禽粪便由资源变成废物，形成公害。畜禽养殖污染主要由畜禽粪便中公认的污染物质引起，主要包括悬浮物、有机质、盐、沉积物、细菌、病毒与微生物和氮、磷、钾及其他养分和重金属（Cang et al., 2004; Huang et al., 2001）。研究表明，畜禽养殖区的非点源污染负荷是其他土地利用方式的十倍，畜禽粪便对环境、生态系统和人体健康造成了直接或间接的影响（Wang et al., 2003）。通过直排（不经处理直排入田）、耕地淋失（作为肥料施用后随径流淋失）、渗漏流失（不恰当储存）、大气沉降（散发到大气中的氨通过大气沉降进入土壤和水体）等途径（Dzikiewicz, 2000），畜禽粪便成为非点源污染影响着环境中的水、土、气、生及人类健康。

1）畜禽养殖对土壤的污染

畜禽粪便对土壤的作用存在利害两面，主要取决于单位时间内进入单位面积土壤的数量及其氮、磷、重金属含量、细菌状况和土壤自净能力，一定条件下利害两方面能够相互转化。粪便的过度施用会危害农作物、土壤、地表水和地下水水质，畜禽粪便对土壤的污染主要由其中的氮、磷和重金属造成（Dolliver et al., 2007）。

畜禽粪便中的氮进入土壤后以无机氮和有机氮两种形式存在。无机氮能被植物根系吸收利用，且在时间充分的条件下粪便中的有机氮也能转化为无机氮（Acosta-Martinez et al., 2004）。粪便氮损失取决于土壤物理条件和粪便施用的比率，同时受季节影响（James et al., 2007）。

当按作物氮需求标准施用粪肥时，土壤磷的含量会迅速上升，畜禽粪便中的磷以颗粒态和溶解态两种形式损失且大多被土壤吸附，当其含量超过作物磷需求时会在土壤中发生累积（汪清平和王晓燕, 2003）。磷积累打破了土壤的养分平衡，不仅影响作物的生长，而且通过土壤侵蚀和渗透作用进入水体的磷也将造成水体富营养化（McGraw, 1999）。如在美国南部平原，因长期施用猪粪和鸡粪而导致表层土壤（0~50cm）中磷和氮含量分别增加 4 倍和 5 倍，在加拿大和新西兰也发现施用畜禽粪肥造成土壤表层（0~15cm）的磷积累（Hooda et al., 2001）。

畜禽粪便中的重金属含量相对较高，如主要存在于固液分离后的固体中的砷、钴、铜、铁、锌等（Giusquiani et al., 1998），粪便过量施用会导致重金属元素的累积（Wong et al., 1999）。土壤中过量的重金属积累能够损害作物，甚至造成农产品重金属含量超标，进而危害人类健康（Wilkinson et al., 2003）。另一方面，饲料添加剂（铜、锌、有机砷等制剂）、兽药也会造成畜禽产品中重金属含量残留超标，生物富集作用使粪便重金属含量比饲料中的含量高数倍，如锌、铜、镉、铬分别为1~6.6 倍、1~4.4 倍、2~4 倍和 2~10 倍（Cang et al., 2004）。

2）畜禽养殖对大气的污染

畜禽粪尿中所含的碳水化合物在无氧条件下可分解为甲烷、有机酸和各种醇类，而所含的含氮化合物（主要为蛋白质）在酶和有氧条件下最终分解为硝酸盐，无氧条件下分解为氨、硫酸、乙烯醇等。畜禽粪尿经化学分解产生超过 168 种化合物，其中有主要的恶臭化合物如挥发性胺、硫化物、二硫化物、有机酸、酚类、醇类等（Oneill and Phillips, 1992）。

恶臭性气体危害畜禽生长，也能损伤人的呼吸道，同时更加剧了空气的污染（Moore et al., 2000）。研究表明畜牧生产的氨气排放约占全球氨气排放的一半以上（Schlesinger, 1997），而在恶臭物质中，氨气和硫化氢对人畜健康危害最大，长期在含氨量高的环境中因其酸性效应和毒副作用可引起目涩流泪，严重时则导致失明（Wilson and Skeffington, 1994; 孔源和韩鲁佳, 2002）。另一方面，反刍动物的肠道厌氧发酵是大气主要温室气体甲烷产生的最主要来源（Houghton and Callander, 1992）。1992 年联合国政府间气候变化专门委员会（IPCC）估算，每年全球动物排放和稻田溢出的甲烷分别为 8000 万 t 和 2500 万 t，分别占已知甲烷排放量的 20%和 7%左右，对全球气候变暖的增温贡献中甲烷占 15%，而养殖业的甲烷排放量最大（Faruqui and Raschid, 2005）。

3）畜禽养殖对水体的污染

畜禽氮磷利用率较低，饲料中 65%的氮和 70%的磷以粪便的形式排出体外（Wilson and Skeffington, 1994），粪便氮磷流失进入河湖中加速水体富营养化，是影响地表水质最主要的因素之一（Zhang et al., 2003）。粪便氮素下渗增加了地下水硝酸盐含量、破坏饮用水质量，进而直接威胁人体健康（亚硝酸盐对人体有致癌作用）（Eghball and Power, 1994）。

除养分外，畜禽粪便中还含有多种污染物，如 BOD、COD、氨氮及大肠菌群等。排入水体中的污染物超过水体自净能力将改变水体理化性质和生物群落，水质变坏，并进一步造成河水、井水的污染，威胁畜禽健康（王亚东和江立方, 1994）。另一方面，畜禽粪便有机质浓度比普通市政污水高 50~250 倍，有机质进入水体导致水体变色、发黑并加速底泥积累，其分解的养分能引起藻类和杂草飞长，其氧化过程能迅速消耗水中的氧而致使部分水生生物死亡（彭里, 2009）。

4）畜禽养殖对生态环境和人类健康的危害

一方面是畜禽粪便中的兽药残留污染，另一方面是粪便中的病原微生物。

全球畜禽养殖业快速发展，40 年间生长调节剂类抗生素的用量增加了近 80 倍（Jerding, 1998）。据报道，美国集约化养殖场抗生素的年使用量大约占其抗生素年生产量的 80%（Mellon et al., 2001）。畜禽养殖中添加的很多兽药也是可用于人体治疗的药物，一旦残留兽药通过粪尿排泄进入环境，可能以原型和代谢产物的形式进入大气、水体、土壤或沉积物中（Boxall et al., 2004）。据 USGS 的一项综合报告表明，美国36个州中有一半的河流调查样品中检出22种抗生素药物残留（Kolpin et al., 2002）。抗生素所诱导的抗性基因会随粪便施用等行为在水土环境介质中转化、传播，进入食物链并最终造成全球性抗生素污染（Chee-Sanford et al., 2001）。

畜禽粪便也是病原微生物的主要载体，在 1g 猪场粪水中含有约 33 万个大肠杆菌和 69 万个肠球菌，还有寄生虫卵、活性较强的沙门氏菌等（张克强和高怀友，2004）。每升沉淀池污水中含有高达 190 多个蛔虫卵和 100 多个毛首线虫卵（吴淑杭等, 2002）。据 WHO 和 FAO 的有关资料，目前已有 200 种 "人畜共患传染病"，如果不妥善处理这些有害病菌，其在水体沉积物里能够存活几个星期（Smith et al., 1972），不仅会直接威胁畜禽的正常生长环境，还会导致介水传染病的传播和流行（Inglis et al., 2003）。

1.3.4　畜禽养殖污染物估算研究进展

畜禽养殖污染物的产生及排放量的估算常用试验测定法和排污系数法两种方法。第一种是试验测定法，即选择代表性养殖场，用直接监测的方法对排放粪尿进行试验，通过测量其入水量得到入水系数，然后统计不同规模养殖场得到养分总量，养分总量与入水系数相乘得到入水粪尿总量。

畜禽粪便肥料成分含量的预测方法有基于日粮组成的数学模型法和基于现代检测技术的快速测定法（樊霞, 2004）。

数学模型法包括从营养代谢角度基于能量平衡原理建立的机理模型和基于大量测定数据的经验回归模型（樊霞, 2004）。Jongbloed（荷兰）、Lenis（荷兰）、Loosli（美）、Maynard（美）、McGechan（英）等对营养平衡机理模型进行了研究（Smith et al., 2000），Clanton（美）教授则提出基于质量守恒预测猪粪尿氮含量的机理模型（Clanton et al., 1988）。樊霞整理了 Clanton、Tomison、胡峥峥、李莉、杨增玲等针对白鼠、牛、肉鸡、蛋鸡、育肥猪等不同畜种的畜禽粪便主要成分含量的经验模型（樊霞, 2004）。机理与经验模型研究的结合可得出经典的混合模型，如 ADAS 模型和 DAMP 模型（Smith et al., 2000; Smith and Frost, 2000）、MESPRO 模型（Aarnink et al., 1992）、NCPIG 模型（Bridges et al., 1995）等。

快速测定法包括基于理化指标和基于近红外光谱技术的测定方法。前一种借助快速检测装置测定诸如比重、pH、流变学特征等理化指标，通过其与畜禽粪便氮、磷、钾及氨氮含量的相关关系预测这些成分。Tunny（干物质量、比重）（Dodd and Grace, 1989）、Stevens（电导率）（Stevens et al., 1995）、Scotford（干物质量、比重、流变学特征、pH）（Scotford et al., 1998）等国际学者对此进行了研究，国内学者胡峥峥（2001）、李莉（2003）、杨增玲等（2003）也利用干物质量、比重和电导率指标对肉鸡、蛋鸡和育肥猪的污染物估算进行了研究。

然而，由于非点源污染的研究资料相对短缺，短时间内不能开展大量精细的试验，因而畜禽养殖污染的负荷研究主要以估算为主（Fraser et al., 1998）。第二种方法是我国环保部常采用的以估算为主的排污系数法，也叫源强估算法（武淑霞，2005）。在大范围的畜禽养殖污染物的估算中这种方法更为常用。产排污系数作为环境领域重要的基础数据，也是世界各国掌握污染状况、制定防治政策、设计和运行环境工程设置的重要依据（董红敏等, 2011）。董红敏等（2011）参考其他行业污染物产生和排放系数的定义给出了畜禽养殖业产污系数和排污系数的定义和计算方法。畜禽养殖业产污系数是指在典型的正常生产和管理条件下，一定时间内单个畜禽所产生的原始污染物量，包括粪尿量，以及粪尿中各种污染物的产生量。畜禽污染物排污系数是指在典型的正常生产和管理条件下，单个畜禽每天产生的原始污染物经处理设施消减或利用后，或未经处理利用而直接排放到环境中的污染物量。

汪开英等（2009）基于对浙江省典型规模养猪场的产排污调查，结合 2007 年各种畜禽存栏量普查结果，并基于产排污系数的测算对浙江省畜禽养殖业年粪便农田施用量进行了估算。高定等（2006）基于农业部全国农业技术推广服务中心的畜禽粪便量计算方法对中国的省域畜禽粪便产生情况进行了分析，并利用该中心测定的 11 个省（市、区）各类畜禽粪便养分含量数据计算了我国省域畜禽粪便氮、磷、钾含量，分析畜禽粪便对水、土、气的影响并提出生态型畜牧业、畜禽粪便综合利用技术研发推广的防治对策，但因缺乏规模化养殖数量、种类等基本数据且规模化养殖场对环境的影响大于散养，以低平均负荷、流失量评估环境风险与实际情况是存在偏差的。

国外畜禽粪便排放量的研究方法分为基于畜禽养殖单元和基于养分平衡两种。前者采用不同种类动物的一定数量比例组合为一个单元，总排放量为每个单元的排放量之和。后者采用吸入养分等于动物生长吸收的养分与排出养分之和的原理计算畜禽粪便排放量（Blaha et al., 1999）。与源强估算法一样，这两种方法具有三个优点（武淑霞, 2005; 彭里, 2009）：①通过试验、调查直接估算进入环境的污染负荷，不考虑污染物的中间过程和内在机制且形式简单；②主要考虑污染物产生的因果关系而不考虑其他影响因素，污染负荷计算多依赖小区试验结果和经验参数，结构简明且参数少；③污染调查受尺度、数据等的限制少，且方法简单，可广泛用于非点源污染的定量研究，应用性较强。但是，以上两种方法也存在本地畜禽粪便排放量参数选取不合理、未区分出栏与存栏或漏算存栏数或出栏数、仅计算本地猪牛鸡的粪便排放量和畜种估算不全面的不足（彭里, 2009）。

污染物估算中常用到畜禽养殖密度与等标污染负荷指标两个参数。

畜禽养殖密度指标常用于指示农业氮、磷流失风险，是以单位耕地面积畜禽单元数量表示养殖情况，直观且易于估算农田养分的平衡情况（Saam et al., 2005）。欧洲（Sibbesen and Runge-Metzger, 1995）和美国部分地区（Ribaudo, 2003）多采用该指标作为制定法规的标准。2000 年欧盟 15 国的平均养殖密度为 0.91 头/hm^2，荷兰 3.29 头/ hm^2，比利时 3.18AU/hm^2（Tamminga, 2003）。Henkens 和 van Keulen（2001）研究了欧洲国家的环境可承受的最大养分盈余水平。De Visser 等（2001）认为 1.81AU/hm^2 的养殖密度是奶牛养殖系统可以承载的最大量，Saam 等（2005）认为低于 1.85AU/hm^2 的养殖密度不会造成耕地养分的盈余。Gerber 等（2005）研究了亚洲地区畜禽粪便养分环境影响的分级问题，发现畜禽养殖量与人口密度密切相关。

等标污染负荷是污染物通过污染物的绝对排放量与评价标准的比值得到的。等标污染负荷提供了将不同的污染物、污染源进行相互比较的方法（茅鼎祥, 1987），将污染物质统一转化，把污染物排放量转化成“把污染物全部稀释到评价标准化所需的介质量”，大大增强了污染源评价的科学性（陈勇, 2010）。

以畜禽养殖污染物估算为基础，许多研究者对畜禽粪便的土地利用适宜性进行了研究（Basnet et al., 2002; Ma and Ogilvie, 1998）。研究表明寻找替代技术来处理畜禽排泄物是畜禽养殖业密集区域的重点，同时应针对土壤控制畜禽粪便的投入量（Cochran and Govindasamy, 1994）。由于磷是水体富营养化和藻类暴发的最重要的养分因子，因此畜禽粪便农田施用的主要限制因素是 P_2O_5，这点在 Sutton（1994）以及 Eghball 和 Power（1994）等的研究中亦有证实。所以畜禽粪便的土地施用量常以粪便中的 P_2O_5 为衡量指标（Basnet et al., 2002）。同时，应采取避开雨季、适时适量、多次少量、深施等管理措施控制粪便土地利用的环境污染，提高畜禽粪便耕地施用的适宜性（Gupta et al., 1997; Liu et al., 1998）。李帷（2010）以我国及其他国家、地区的相关法规为依据，综合考虑自然、环境、社会和经济因素，选择多种因子对畜禽粪便土地利用适宜性进行了研究，采用目标定位比较方法、利用权重线性加和法确定畜禽粪便土地利用的适宜性。

1.3.5　畜禽养殖空间分布研究进展

国外的 SCI 文献中畜禽养殖空间分布研究不多见，特别是以中国为研究区的畜禽养殖空间分布研究，而 SCI 库外的相关文献较多，中国也是研究焦点之一（付强等, 2012）。与畜禽养殖空间分布相关的几篇 SCI 文献主要研究野生和畜养动物布鲁氏杆菌（Proffitt et al., 2011）、畜养集中区和牧场土壤养分空间分布（Sanderson et al., 2010）、蒙古国畜养空间分布的时间序列变化（Saizen et al., 2010）、基于景观尺度的欧洲畜禽空间分布建模（Neumann et al., 2009）、非洲瓦尔河牧场黑蝇问题（Hobololo, 2009）、野生獾及排泄物带来的其与家养獾间疾病传播的问题（Bohm et al., 2008）以及中国畜牧的空间分布变化（Verburg and van Keulen, 1999）。

以畜禽分布为关键词搜索 SCI 摘要库的题名，除去前述文献后的 40 多篇文献中，有 5 篇与草场放牧相关，3 篇与畜禽空间分布相关。其中，2000 年以来的 20 多篇文献集中于研究生物与病害（Gondwe et al., 2009; Malele et al., 2011）和排泄物与污染物（Hutchison et al., 2008; Sim et al., 2011）两个方面。在与畜禽养殖空间分布相关的几篇文献中，研究地域分布在欧洲（Neumann et al., 2009）、非洲（Cecchi et al., 2010）、美国（Sanderson et al., 2010）、蒙古国（Saizen et al., 2010）、土耳其（Orhan et al., 2009）和全球（White et al., 2001），而中国区的畜禽养殖空间分布研究仅在 1999 年见到（Verburg and van Keulen, 1999）。

根据联合国粮食及农业组织（FAO）的统计，1997 年时中国已有的 4.68 亿头猪提供了约八成的肉类产量，一成来自家禽（约 30 亿只鸡和 5 亿只鸭存栏），而 1.33 亿头绵羊和 1.71 亿头山羊提供了重要的羊毛、羊绒等产品，且对中国大部分的土地利用有巨大影响（Verburg and van Keulen, 1999）。另一方面，牛肉和牛奶的流行导致养牛数量从 1980 年的 5200 万头增加到 1997 年的 1.16 亿头，而水牛、马、驴、骡、骆驼等役用动物也有 7600 万头。当时，对于中国畜产品消费的惊人增长及预测引起了科学界和政界的关注，问题主要集中在中国的谷物生产能否满足居民消费和不断增多的畜禽饲养（Kikin, 1995）。畜肉产品的规模也影响畜禽保管体系、空间分布及与环境的交互作用。

与前述问题对应的国内畜禽养殖空间分布研究却相对较少，相关研究多集中在全国范围和特定区域畜禽养殖污染物的时空分布和变化（李新艳和李恒鹏, 2012; 马国霞等, 2012）、流域非点源污染负荷及模型（王立刚等, 2011; 顾颖, 2011）、土壤养分及重金属（谢忠雷等, 2011）等方面。区域畜禽及其排泄物、病毒、疫病的分布情况研究涉及的地区如北京（李帷等, 2010）、上海（沈根祥等, 1994）、东三省（李帷等, 2007）、吉林（谢忠雷等, 2011）、辽宁（魏学义和李宁, 2007）、河北（马林等, 2006a）、湖南（谭美英等, 2011）、江苏（王辉等, 2007）、浙江（刘晓玲等, 2011）、江西（欧阳克蕙等, 2009）、青海（蔡进忠和李春花, 2010）、山西（任家琰, 1993）、重庆（彭里, 2009）、福建（彭来真等, 2010）等。以全国为研究区的几篇文献主要集中在畜禽养殖的排泄物分布角度（刘忠和增院强, 2010; 许俊香等, 2005）。从国内相关研究来看，面向全国的畜禽养殖污染的空间分布研究较少，尤其是全国的县域畜禽养殖空间分布研究（付强等, 2012）。而畜禽养殖污染的影响研究多基于某地域进行，全国各区域的畜禽养殖污染分布规律不清楚、不全面，也缺少不同时间段的研究（彭里, 2009）。

在国家尺度的畜禽养殖业研究中，常根据区域农业气候条件、动物种群结构的不同将研究区域分成若干个子区域进行研究。Merle 等（2012）在对德国的农业结构的区域化研究中将研究区域分为若干大区。Verburg 在研究中国畜牧业空间分布变化时参考 Crook 的研究报告，将中国分为东北、北部、西北、东部、中部、南部和西南七个大区（Crook, 1993）。

一方面，为了评估畜禽养殖业与自然和农业环境的交互作用，需关注全国不同畜禽养殖系统的分布情况（Verburg and van Keulen, 1999）。中国西部和北部地区是“畜牧区”，主要是基于草原的畜牧系统，通过牧场放牧饲养绵羊、山羊、家牛、牦牛、骆驼和马等动物（Sere, 1994; 沈长江, 1989）。中国东部和东南部地区是“农业区”，主要以密集的耕作为特征，畜禽养殖于混合耕作系统中，该区大部分的产品不是来自养殖业和无土地的畜养生产系统，该农业区的主要牧养动物是猪、山羊和役用动物（Sere, 1994）。

另一方面，畜禽养殖空间分布及规模的变化也影响其他农业行业。畜禽养殖的空间分布及规模会影响饲料作物生产和粪便的利用率，但是因畜禽养殖空间分布不均带来的全国或区域水平上的影响却不足以评估畜禽数量的变化对特定地区的影响。基于此，Verburg 和 van Keulen（1999）利用高精度的明细数据，借助空间的和经验的分析，研究了中国不同畜牧组的空间分布情况，利用相关和回归分析推断畜牧分布的空间样式与大量的社会经济及生物物理变量之间的联系，以期识别决定中国畜牧空间分布的过程。在其研究中也借助 CLUE 模型框架分析了畜牧分布潜在的近期变化趋势（Veldkamp and Fresco, 1996; Verburg and van Keulen, 1999）。

畜禽养殖空间分布的研究能够辅助管理者针对环境问题制定相应的政策。如有学者的研究表明牧民适应了安定的生活后将牧场变成可耕地，固定范围的过度放牧也加速了土地退化与沙漠化（Smil, 1993）。同样，我国内蒙古长期扩张牧草地用于羊群与马群的放牧习惯也导致了草场的退化（Wittwer, 1987）。Saizen 等（2010）借助 LISA（local indicators of spatial association）方法分析了蒙古国骆驼、马、牛、绵羊和山羊五种畜禽养殖时间序列变化空间分布的局部空间关联，1992~1999 年和 2002~2006 年两个时段蒙古国养殖量剧烈变化的主要原因在于计划经济与市场经济环境的影响，也有慢性自然灾害的影响。最终，Saizen 认为对蒙古国草原影响最大的是山羊，政策决策者应更加注意山羊聚集的区域以确保未来蒙古国草原的可持续性。具有借鉴意义的是，分政区的畜禽数据不仅能够反映准确的畜禽数量，也能够解释蒙古国部分的社会要素特点。还有，畜禽分布的变化取决于诸如降水、温度、海拔、可利用水资源、植被等自然条件，畜禽分布的这种特性可以用对各种畜产品的需求进行部分的解释。在难于获取整个蒙古国自然条件的时间序列数据的情况下，畜禽数量却能够轻易获得并用于空间分析（Saizen et al., 2010）。

1.4　污染空间分析方法相关研究

1.4.1　污染空间分布研究进展

环境污染领域常采用污染物来源解析方法对大气、土壤和水的污染源进行分析，主要包括以污染源为对象的扩散模型和以污染区域为对象的受体模型（黄芳,

2010）。前者的前提是了解污染源的排放量，但是排放量受多种因素影响，机理复杂，其不确定性将导致预测结果的不可靠（Budiansky, 1980）。扩散模型在运行时也需输入模拟时段内的污染源排放强度、气象、地形等条件，数据不易获取且操作复杂（范良千, 2011）。因此，源解析的相关研究多采用化学质量平衡法（CMB 法）、因子分析法（污染源未知情况下使用）、示踪元素法（基于多元线性回归，主要用于大气污染源）、富集因子法和混合方法等受体模型（范良千, 2011）。

污染的空间分布变化性与环境物理特征的地理多样性之间存在的相互作用对污染的空间评价方法提出了新的需求（Giupponi and Vladimirova, 2006）。地理信息系统（geographcial information system, GIS）技术越来越多的用于处理代表污染因素的空间数据、研究区域环境污染程度及分布特征，在分析选定位置的空间问题方面应用性较强（Al-Adamat et al., 2003; Dunn et al., 2005）。因此，越来越多的污染研究借助 GIS 技术分析不同地理区域环境影响的空间异质性，尤其是结合多变量分析、地统计与基于 GIS 制图的方法（Facchinelli et al., 2001; Zhang, 2006）。

大量研究表明 GIS 及地统计是识别重金属污染源、评估污染趋势和预测潜在风险的有效工具，中国重金属聚集的大比例尺研究已经开始实施，主要研究区域的自然背景值和人为污染源（Liu et al., 2006; Tao, 1995）。韦朝阳等采用地统计学和 GIS 技术分析水口山矿冶周边土壤重金属空间分布特征，并对重金属污染来源进行解析。研究结果显示湖南水口山矿冶周边砷、铅具同源性，其主要来源于冶炼厂烟尘，并可随矿区主导风向扩散至较远的距离；镉污染来源于冶炼厂烟尘与废水排放的叠加；锌污染主要分布在大型冶炼厂附近；而铜则主要来源于尾矿库的淋滤释放。水口山矿冶区重金属空间分布与污染来源解析对于当地重金属污染风险评估与修复具有指导意义（Wei et al., 2009）。

黄芳（2010）系统总结了与水土污染空间分析相关的六个方面的研究，包括基于 GIS 的水污染空间分析及污染源解析、基于 GIS 的土壤重金属污染空间模式分析及源解析、基于模糊聚类技术的空间模式分析、污染热点空间分析、污染制图及基于条件模拟技术的空间分析和贝叶斯最大熵分析。

（1）水污染空间分析及污染源解析方面。模糊综合评估技术（Lu and Lo, 2002）、因子分析（Shrestha and Kazama, 2007）和 UNMIX 技术被成功应用，GIS 技术和多元统计方法也被用于表面水污染的空间分析和源解析（Ouyang et al., 2006）。

（2）土壤重金属污染空间模式分析及源解析方面。地统计与多元统计技术相结合的方法已成功应用（Chen et al., 2008; Facchinelli et al., 2001）。

（3）基于模糊聚类技术的空间模式分析方面。模糊 C 均值（FCM）和模糊 K 均值（FKM）方法成功用于土壤分类（Goktepe et al., 2005）、土壤制图（Odeh et al., 1992）、耕地分类（Lagacherie et al., 1997）、农业区划（Li et al., 2007）、土壤污染区探测（Hanesch et al., 2001）和土地利用评估（Bragato, 2004）等。

（4）污染热点空间分析方面。地球化学变量的复杂的空间分布引起了学术界广泛关注，而污染热点辨别是研究热点之一（Zhang et al., 2008）。局部（local）Moran's I 指数法被用于医学（Goovaerts and Jacquez, 2004）和环境科学领域（Zhang and McGrath, 2004）的热点探测。

（5）污染制图及基于条件模拟技术的空间分析方面。Kriging 插值方法是重金属污染制图的主要方法（Lin et al., 2001; van Meirvenne and Goovaerts, 2001）。

（6）贝叶斯最大熵（BME）分析方面。BME 分析方法根据已知条件计算先验概率，通过贝叶斯转换规则转换成后验概率，进而依据后验概率推算均值、众数、中位数及不同置信间隔的数值等（黄芳，2010）。Bogaert 和 D'Or（2002）、Douaik 等（2005）、Savelieva 等（2005）、Puangthongthub 等（2007）结合 BME 分析方法分别对土壤制图、土壤盐分、辐射微尘、空气中的微粒等进行了研究。

1.4.2　空间统计与模型分析方法研究进展

污染领域空间分析的主要研究目的是对污染进行描述、解释、预测和决策（黄芳, 2010）。描述，如污染空间分布特征描述、热点探测等；解释，如解释污染程度与土地利用的关系、污染格局成因等机理；预测，如未采样点污染水平的空间预测、同一区域一段时间后污染水平的时间预测；决策，根据描述、解释和预测制定科学的污染防治方案，是污染空间分布研究的最终目标和最高层次。

污染空间分布研究涉及的统计分析方法主要是空间统计分析、空间回归分析等空间分析方法，这些方法将传统的基本统计分析、多元统计分析和多元回归分析方法扩展到空间层面。Anselin（1998）将 GIS 中的空间分析功能分为选择（视图、缩放、浏览、空间查询、缓冲区、空间采样）、操纵（聚合、分解、地图概括、质心、镶嵌、拓扑、空间权、叠置、内插）、探索性（exploratory）空间数据分析（空间分布、全局空间相关、局部空间相关）和证实性（confirmatory）空间数据分析（空间回归、模型设定、估计、诊断、空间预测）四大类。以探索性空间数据分析（ESDA）技术为代表的空间聚类分析、针对空间异质性的局部莫兰指数分析（LISA）、地理加权回归方法等空间分析技术在污染空间分布领域有较大的应用潜力。商业 GIS 软件从早期以选择和操纵功能为主，逐渐扩展了探测和证实功能，目前主流商业 GIS 软件均加入了探索性空间数据分析（ESDA）和证实性空间数据分析功能。

1970 年，Tobler 首次正式提出地理学第一定律——“任何事物都和其他事物有联系，距离近的事物比距离远的事物相关性更强”（Tobler, 1970）。空间相关现象可用空间邻近度度量，许多学者相继提出的计算空间邻近度的方案奠定了空间统计分析的基础（Cliff and Ord, 1981; Tobler, 1975）。探索性空间数据分析和证实性空间数据分析的主要目标就是探测和检验空间数据的相关性，同时研究如何削弱或消除这种相关性对结果的影响（钟少波, 2006）。ESDA 技术关注数据的空间模式探测，识别异常的或感兴趣的数据空间特征，形成关于数据空间的假设并验证空间模式（Haining et al., 1998），也适用于污染领域的空间分析。

聚类与分类在人类社会的发展历程中发挥了重要的作用，是人类认识自然最基本、最有效的技能之一（Everitt et al., 2001）。1854 年，琼 • 斯诺博士采用空间聚集分析手段发现伦敦霍乱病的起源，Tryon 在 1939 年首次采用聚类分析的思想从相关矩阵中提取互相关的组，随后在 20 世纪 50~60 年代提出的 *K*-means 聚类算法被评为十大最具影响力的数据挖掘算法之一（Miller and Han, 2009）。

现实世界的数据有 80%与地理位置、属性及空间分布有关，这些空间数据的空间位置和关系特征、时间及属性特征使其具有海量性、空间属性间的非线性关系、尺度、模糊、高维和数据缺值等特点，导致传统的空间分析不适用于处理空间相关的数据（王家耀, 2001; 裴韬等, 2001）。而空间聚类分析则能够发现隐含于海量数据中的聚类规则（杨春成, 2004），从空间实体的自然空间聚集模式到结合其非空间属性空间分布及差异，对揭示复杂地理现象有重要的意义。因此，空间聚类分析能够应用于多个领域，如城市规划领域的公共设施选址（Liao and Guo, 2008），制图综合领域的点群特征简化与提取、建筑物聚合及等高线简化（Li, 2007; Qi and Li, 2008），地震分析领域提取地震空间分布特征及地质构造（Pei et al., 2009），地价评估领域的地价分级（邓羽等, 2009），图像处理领域的遥感影像分类与分割（秦昆和徐敏, 2008; 骆剑承等, 1999），全球气候变化研究领域（Birant and Kut, 2007），公共安全领域的犯罪热点分析（Estivill-Castro and Lee, 2002）等。

空间聚类趋势分析是研究数据可聚性的空间聚类分析，主要包括二维空间点集聚类趋势分析和顾及专题属性的空间聚类趋势分析等两类（邓敏等, 2011）。前者借助如样方法、核密度估计法、最邻近指数法、*K*-函数法和 *G*-函数法等现有的点模式分析方法进行研究（Shekhar et al., 1999; 王远飞和何洪林, 2007）。后者借助如 Moran's I（Moran, 1948, 1950）、Geary's C（Geary, 1954）、Getis's G（Getis and Ord, 1992）、LISA（Anselin, 1995）等现有的空间自相关指数进行度量（Aldstadt, 2010）。

地理要素间的关系随空间位置的变化而变化，存在空间非平稳性，至少由三方面原因引起：随机抽样误差、自然和社会条件差异、空间分析模型与实际不符或模型缺失必要的回归变量（Fotheringham et al., 1998）。局域回归分析方法可用于探测空间非平稳性，包括分区回归分析和移动窗口回归，但是这两种方法不能很好地解决区域面积不均导致的采样点不均和区域交界数据突变问题，为此空间变参数回归模型应运而生（覃文忠, 2007）。空间自适应滤波将时间域自适应滤波回归分析扩展到空间域，但在应用中因其参数估计不能统计检验而受限（Foster and Gorr, 1986; Gorr and Olligschlaeger, 1994）；随机系数模型和多层次模型也能处理待估参数变化的问题，但在应用中其空间单元分层假设对分层性质不强的研究问题效果不好（Goldstein, 2011; Mennis and Jordan, 2005）。

1996 年，Forteringham 等（1996）在空间变参数回归模型的基础上利用局部光滑思想提出地理加权回归模型。之后，在其 2003 年出版的书中详细介绍了 GWR 基础模型、扩展模型（混合地理加权回归模型，MGWR）、GWR 与统计推断、GWR 与空间自相关、GWR 与尺度问题、地理加权局部统计、地理加权扩展（一般线性地理加权模型、主成分地理加权、地理加权密度估计）、地理加权回归软件等内容（Fotheringham et al., 2003）。GWR 方法简便、有明确解析结果、得到的参数估计能够进行统计检验，因此该方法在许多学科领域得到了广泛应用，如医学、社会经济学、城市地理学、气象学等（LeSage, 1999; Park, 2004; Wang et al., 2005）。

GWR 方法在应用中也存在着一些问题，如①理论层面，没有变异来源的基本模型且缺少统一统计框架，其核带宽选择涉及高阶回归系数估计的空间变异和平滑，也不能使用现有统计或 Monte Carlo 方法对 GWR 系数的显著变化进行检验（Fotheringham et al., 2003）；②数据层面，基于样本观测值距离权的局部线性估计易受弱数据和局部异常观测值的影响；③方法层面，存在多重比较的问题，GWR 估计的标准误差来源于多重位置上参数估计的数据重复使用，也来源于同时使用数据对核带宽与回归系数的估计（LeSage, 2004; Wheeler and Calder, 2007）。

因此，许多改进 GWR 的方法被提出以应对上述问题，特别是近年来形成了系列的方法，如自回归地理加权回归模型[autoregressive GWR，如 SALE（Pace and LeSage, 2004）、ZOOM（Mur et al., 2008）]、约束地理加权回归模型[constrained GWR，如 GWRR（Wheeler, 2007）、GWL（Wheeler, 2009）]、地理权重逻辑和概率模型（Atkinson et al., 2003; Paez, 2006）、基于贝叶斯方法的 BGWR（LeSage, 2004）等。另外，贝叶斯分层模型也可作为 GWR 的替代（Wheeler and Páez, 2010）。

1.5　综合区划理论及实践研究

1.5.1　综合区划研究：区划理论与方法

目前，污染领域的区划研究不多，尤其是农业非点源污染的相关区划。因此，本部分综述从区划理论基础与方法、相关区划研究进展两部分进行总结，以期探索农业非点源污染区划的方法，并作为畜养产污综合区划研究的参考。

区域是指具有特定位置与空间、特性与功能相对一致的地区，不同区域概念所包含的区划内涵不同（欧阳, 2009）：①自然区是一定范围内各自然地理成分（气候、水文、生物、土壤等）相对一致的区域，泛指的自然区包括综合自然地理学划分的区域，又包括部门自然地理学划分的气候区、水文区、土壤区等。②经济区是经济地理学研究的基本内容之一，是以劳动地域分工为基础，内部具有共同经济生活和长期经济联系，在全国或地区担负专门化生产任务的地域生产综合体，一般分为综合经济区（基本经济区、行政经济区、省内经济区、基层经济区）和部门经济区。③功能区是当前地理研究中的另一个重要内容。生态功能区是一种区域生态综合体，能够提供水源涵养、水土保持、防风固沙等生态服务功能，对维护生态系统完整性、确保人类物质支持系统的可持续性、保障国家生态安全具有重要意义的区域（根据2008年中科院与环保部联合发布的《全国生态功能区划》定义）。主体功能区是根据不同区域的资源环境承载能力、现有开发强度和发展潜力等，确定不同区域的主体功能的一种区域单元(根据2010年国务院发布的《全国主体功能区规划》)。区划是对区域的划分，既是自上而下的顺序划分，又是自下而上的逐级合并，其目的在于科学认识区划对象，为经济建设和社会发展提供服务（黄秉维，2003b）。地理区划是地理区域划分的方法与技术手段，其概念涵盖区域划分结果（区划方案、区划图）、区域划分的方法和过程及地理学研究的方法论三种基本含义（欧阳，2009）。以上对区域与区划的认识构成了地理区划的概念基础。

地理单元是在特定空间尺度上地理环境条件基本一致的空间单元，从地理学科角度可分为自然地理单元（客观存在的，如流域、草原、平原、山地等）和人文地理单元（概念性和抽象的，如城市区、经济区等），从系统论角度可分为形式单元（区域主导要素同质）和功能单元（功能内聚性和单元间的联系），从单元划分的方法角度可分为类型单元（对具体个体概括得到的抽象类型）和区划单元（对地理区域的系统划分得到）。地理区域是常用的地理单元概念，是用特定指标在地球表面划分出具有一定范围的连续而不分离的空间单位（崔功豪等, 1999）。地理单元具有基本地理实体的各种空间几何特征（一般几何特征、空间组合、地带和非地带空间分布、空间关联和演变）和空间分异特征（等级差异）（李莉和王海清，2005）。区划单元作为特殊的地理单元，还具有区域的共轭性、整体性和形成的统一性等特征（顾朝林等, 2007）。以上对地理单元和区划单元的认识有助于理解地理区划的研究。

区划可依据不同的标准划分成不同的类型。依据主导要素的多少可划分成综合和部门区划，依据分类单位体系和方法可划分成类型和区域区划（郑度等, 1997），依据对象可划分成自然区划、农业区划、行政区划等。综合区划的对象是地域综合体，综合自然区划、综合经济区划、综合农业区划等都属于综合区划；部门区划则以区域中的某一要素为对象，气候区划、水文区划、植被区划等都是部门区划。类型区划侧重每种类型的定性描述和定量划定；区域区划则根据相似性合并或根据差异性拆分地理单元。从方法论角度，类型和区域区划都是认识自然的方法，可以相互转化（陈述彭, 1990）。

地理区划的主要理论基础包括地域分异规律、地理等级系统理论、空间作用的区域分异等地理学基础和空间统计模型、计算几何、集合论等数学基础（郑度等，2008）。

1）地理区划的地理学基础

（1）地域分异规律。它是地理学存在的前提，没有地域分异就没有地理学（胡兆量, 1991）。地域分异规律包括作为区划系统高级单元划分依据的地带性规律（包括纬度地带性、经度地带性和垂直地带性）和作为低级单元划分依据的非地带性规律[包括地方性分异、隐域性分异和微域性分异（郑度和傅小锋，1999）]。德国科学家洪堡和李希霍芬等在 19 世纪早期就开展了关于地带性的研究。而非地带性规律则对应于地带性规律，是开展低级地理区划时需要考虑的区划原则或规则（欧阳, 2009）。

（2）地理等级系统。区划等级系统主要有单列系统（地带性和非地带性单位相间排列于一个系统中）和双列系统（将地带性和非地带性单位看成相互独立的系列）两种体系（景贵和，1986；陈传康等，1993）。进行综合区划工作时常把单列系统与双列系统相结合，相互补充。

（3）空间作用的区域分异。空间相互作用的区域分异规律也是区划的重要理论基础。区域各自内部因子间的相互作用产生了区域的差异性和均衡性，区划的中、低等级单元受这些区域性的或局部性的因子影响。

2）地理区划的数学基础

地理区划中广泛使用空间统计方法，以聚类和分类最为常用。聚类可依据不同标准划分成不同类型，如相似性度量标准（基于距离、密度、模型的聚类）、聚类结果是否“模糊”（硬聚类、软聚类）、数据分组的实现过程（分割式、层次、密度、模型聚类）等。分类也可依据不同标准划分成不同类型，如分类的目的和使用的指标（自然分类、技术分类）、分类过程中人工参与程度（监督分类、非监督分类）、分类模型的算法特征（线性分类、非线性分类）等。相应的，计算几何发展所提供的数学方法为地理区划的空间分析方法提供支撑，集合论则为基于定量化方法的区划提供支撑。

地理区划的基本观点、理论方法和技术手段构成一个有机整体，可能发展成一套相对完善的科学研究方法体系，欧阳等据此认识提出了四元组式的地理区划范式，将区划本体（区划对象、区划目标、要素分析）、区划方法（区划原则、区划指标、区划模型）、区划方案（编码体系、单位等级系统）和区划信息系统（区划制图、方案评价、情景模拟）组合定义在一起，将各类区划研究统一在统一科学框架体系下，特别是区划理论基础和方法的统一（欧阳, 2009）：①区划的起点是充分认识区划对象、区划目的，进而对所划分区域属性进行细致的定性和定量分析（即要素分析），以确立指标体系与等级系统的基础。②区划原则是开展区划研究的总体思想和基本准则，是对选取区划指标、建立等级系统、实施区划方法的指导；区划指标多选择导致区域差异的主导因素，区划指标体系则是区划划分及区划界线确定的技术基础，随区划对象、目标、尺度等的不同而改变；区划模型由区域划分模型和边界界定模型构成，包括聚类法、地理格网法等系列实现方法。③区划单位等级系统应客观反映与一定空间范围和尺度相对应的地域单元间发生学上的联系和上下级从属关系。④区划信息系统是对区划方案的进一步定量化加工与分析。

经典的区划方法包括“自上而下”和“自下而上”两种，其技术手段有叠置法、主导因素法、地理相关分析法、景观制图法、聚类分析法、分级区划法、3S（RS、GIS、GPS）分析方法等（罗开富, 1954; 黄秉维, 1959; 任美锷和包浩生, 1992; 郑度等, 2005）。从区划单元的形成与界定角度，地理区划方法可分区划单元划分方法和单元边界界定方法（欧阳, 2009; 郑度等, 2008）。

区划单元划分方法包括“自上而下”的顺序分割法（整体到部分，由高级地域单位到低级地域单位）和“自下而上”的组合聚类法（部分到整体，由低级地域单位到高级地域单位）（郑度等, 2008）。而段华平（2010）将这两种方法归结为区划的基本方法，即各类区划都要使用的通用的划分法与合并法。

区划单元边界界定方法的传统方法有主导因素法、叠置法、地理相关分析法、景观制图法等，而段华平（2010）将这些方法归纳为区划的一般方法。主导因素法是通过综合分析地域分异主导因素的标志，以此为划分界线依据并在某一级别分区时按照统一的指标进行划分；叠置法是将各个部门区划图叠置以确定分区域单位，以重合的网格界线或其平均位置作为区划界线；地理相关分析法利用各种专业地图、文献和统计资料，首先对自然要素之间的关系进行相关分析，然后依据相关关系进行区划划分。

此外，为解决传统的定性区划方法存在的主观、模糊不确定性等缺陷，主成分分析、聚类分析、相关分析、对应分析、逐步判别分析等数学的定量分析方法也被引入区划研究（段华平, 2010）。随着 RS、GPS、GIS 等技术的迅速发展，地理科学的综合集成有了定量化的科学基础和先进技术手段的保证（陈述彭, 2001）。因此，在空间分析基础上定性定量相结合的方法正成为区划的主要方法。区划界线的划分以建立模型、采用数理统计与 GIS 的空间量化表达等相结合为主，采用反映气候、地形、土壤、植被等多因子的指标体系，一些界线的研究也在朝着定量化的方向发展（吴绍洪等, 2010）。

1.5.2　综合区划研究：综合区划实践

区划是地理学的核心研究内容和重要的基础性工作，是从区域角度观察和研究地域综合体，探讨区域单元的形成发展、分异组合、划分合并和相互联系，是对过程和类型综合研究的概括和总结（杨勤业等, 2002; 郑度等, 2005）。2000 年前古希腊地理学家埃拉托色尼（Eratosthenes）对地球表面依据气候进行的南北寒带、南北温带、热带的五带划分是人类最早的区划研究（Eratosthenes, 2010）。

国际上，1817 年洪堡（A. von Humboldt）将纬度、海拔、与海距离、风向等因素纳入影响气候的因素，其首创的世界等温线图具有里程碑意义（Robinson and

Wallis, 1967）。1884 年，柯本发表了将世界分成六个温度带的世界温度地带论文，随后又依据气候、降雨和自然植被分布提出世界气候区（Köppen, 1884; 罗其友, 2010）。1898 年，Merriam 对美国生命带和农作物带的划分是最早的生态区划（Merriam, 1898）。1899 年，道库恰也夫根据土壤地带性发展了自然地带学说，1905 年英国生态学家 Herbertson 指出进行全世界生态区域划分的必要性（郑度等, 2005）。1908 年，赫特纳（A. Hettner）在完成自然区划的同时提出区内均质和区间异质的划分原则，成为区划的基本理论和标准（罗其友, 2010）。还有李特尔（C. Ritter）、霍迈尔（H. G. Hommeyer）等这些科学家的研究开创了近代地理学区划研究的先潮（欧阳, 2009; 郑度等, 2005）。但是，早期的区划工作主要停留在对自然界表面的认识上，缺乏对自然现象内在规律的认识，区域划分指标只采用气候、地貌等单一要素（欧阳, 2009）。

在 19 世纪末 20 世纪初，国际学者开始关注农业领域的区划研究。德国学者 T. H. Engelbrecht 利用农作物、畜禽和农林牧渔部门在地域内的优势等划分农业区，编制热带以外的农作物分布区，随后又研究英属印度（1914 年）、俄罗斯（1916 年）和德国（1928 年）的农业区（Engelbrecht, 1898; 罗其友, 2010）。1911 年契林采夫出版《欧洲农业区划》，1914 年斯克沃尔佐夫出版《欧洲经济区划》，1920 年苏联农业部编制农业区划，1931 年 Bourne 在对全英农林业资源调查的基础上提出了"Site"和"Site regions"的概念，1915~1916 年 Baker 和 Hainsworth 编制了美国分省农业地图，Baker 在随后的研究（分别于 1921 年和 1931 年）中将亚区域由省改成区域（欧阳, 2009; 罗其友, 2010）。瑞士农业地理学家 Bernhard 在 1915 年和 R. Krzymowski 在 1919 年尝试建立以 Thunen（杜能）的农业区位论和 Brinkman 的集约度理论为基础，按照农业经营结构来划分农业区（罗其友, 2010）。法国地理学家 Klatzmann 在 1978 年出版的《法国农业》和 1979 年出版的《法国农业地理》中依据农业自然条件、经济效益和其他人文因素将法国分成大农业经济区、亚区和小区（罗其友, 2010）。

我国的区划研究工作起步于 20 世纪 20~30 年代，1929 年竺可桢发表的《中国气候区域论》标志着现代自然地域划分研究的开始（竺可桢, 1930）。张其昀、李长傅、李四光等科学家研究了我国的自然区划，1940 年黄秉维进行了我国植被区划的研究（段华平, 2010; 欧阳, 2009）。20 世纪 50 年代以后，我国将自然区划列为国家科技发展重点项目，该阶段的区划工作取得了一批重大成果（段华平, 2010; 欧阳, 2009）：①1954 年林超提出"中国自然区划大纲"；②1954 年罗开富主编，中华地理志编辑部拟定"全国自然地理区划"；③1959 年中科院自然区划工作委员会编写的《中国综合自然区划（初稿）》出版；④1961 年任美锷等基于不同看法对 1959 年的区划方案进行了扩展；⑤1963 年侯学煜等在气候、土壤、水利等学科基础上研究了以发展农林牧副渔为目的的自然区划（侯学煜等, 1963）；⑥1983 年赵松桥提出“自然区划新方案”；⑦1984 年《中国自然区划概要》出版。20 世纪后半叶我国的区划研究主要服务于农业生产，20 世纪 80 年代起兼顾农业生产与经济发展服务，20 世纪 90 年代起区划的目的转向为可持续发展服务（郑度等, 2005）。近年来，国内学者在很多领域进行了区划研究，如水土保持区划（张超, 2008）、重大动物疫病区划（李滋睿, 2010）、滑坡危险度区划（陈永波, 2002）、地质灾害风险区划（岳超俊, 2009; 魏风华, 2006）、公路自然区划（王永生, 2008）等。

我国的农业区划自中华人民共和国成立以来经过了四个发展阶段（20 世纪 50 年代、60~70 年代、80 年代、90 年代）。20 世纪 60 年代邓静中的《中国农业区划方法论研究》，80 年代全国农业区划委员会的《中国综合农业区划》，90 年代周立三的《中国农业区划的理论与实践》，90 年代以来刘书楷的《农业区划》、李应中的《中国农业区划学》、郭焕成的《中国农村经济区划》等都是我国农业区划研究的代表。其中，20 世纪 80 年代全国农业区划委员会的《中国综合农业区划》推动了全国各省、市、自治区农业区划工作的开展。农业区划的基础理论和研究方法是多元且兼容并蓄的，主要包括自然地域分异规律、劳动地域分工理论、农业资源经济理论、农业资源配置理论和农业生态经济理论等（李滋睿, 2010）。近年来，一些学者结合应用进行了农业领域的区划研究（杨晓光, 2007），如农业气候资源及其区划（杨文坎, 2004）、玉米生产力区划（石淑芹, 2009）、小麦籽粒品质生态区划（黄芬, 2009）、烟草种植生态适宜性区划（叶协锋, 2011）等。

相对农业区划而言，环境领域的区划研究较少。环境区划从区域（流域或城市）的整体出发，根据自然环境特征和经济社会发展状况，将特定的空间划分为不同功能的环境单元，从而揭示不同区划单元的形成、演变、本底、容量、承载力、敏感性和保护方向等方面的差异性（刘常海和张明顺, 1994）。我国的环境区划研究仅有 20 多年，相对于自然、农业和生态区划，环境区划相对薄弱，主要局限于研究区域小，缺少大尺度的研究（段华平, 2010）。

环境污染控制区划具有综合区划的思想，主要关注污染源的类型特征、控制方向及土地利用方式，也考虑自然条件的影响，我国已有的少量的污染控制区划集中于研究某种非点源污染源对流域的影响（段华平, 2010）。郝芳华等（2006）以《全国水资源分区》为指导进行全国非点源污染的分区分级研究。曲环（2007）根据农业非点源污染发生受地形、土地利用、土壤的影响机理，将我国农业非点源污染发生点划分成水源涵养地和江河源头区、粮食主产区、河网水域区、农村生活区、城乡接合部等五个污染类型区。刘忠和增院强（2010）以《中国化肥区划》为依据研究了中国主要农区畜禽粪尿资源的分布及环境负荷。

1.6　中国畜养产污综合区划研究内容

本书研究的主要内容包括中国畜养产污综合区划指标体系、综合区划研究、影响因素分析方法研究三个方面。

1）中国畜养产污综合区划指标体系研究

研究农业源污染的机理，从农业源污染分析出发，明确指标体系的类型、选取原则和依据；在考虑自然、农业基础、农业社会经济、农业种养等条件下，构建畜养产污区划研究的指标体系，并对指标进行详细解释。

2）中国畜养产污综合区划研究

明确产污综合区划的原则及研究方案；明确自然条件、农业基础条件、农业社会经济条件、农业种养情况、产污情况等指标体系的数据获取、处理及指标标准化和评分方法；基于相应指标的空间分布规律和现有相关区划的分区方案，设计数据驱动的定量、定性相结合的区划方案。

3）畜养产污影响因素分析方法研究

借助多种统计分析和空间统计分析方法，对全国分省格数据、典型区分县格数据、典型区分省格网化抽样数据、典型区分县格网化抽样数据等多尺度数据进行影响因素分析，探索研究区域的规律；基于第一步相关分析的结果，利用空间分析方法尝试对典型区进行畜养产污的二级区域划分。

本书的总体研究思路主要采用如下研究步骤：

（1）对与本书研究相关的文献进行整理分析，分别了解国内外非点源污染研究、畜禽养殖污染危害及污染物估算、畜禽养殖污染空间分布与统计和综合区划研究四方面内容。

（2）从对农业非点源污染机理的分析出发，构建畜养产污综合区划指标体系，包括自然条件、农业基础条件、农业种养情况、社会经济条件和产污指标五种类型，每种指标分三个等级。

（3）借助空间分析与统计分析方法，基于自然条件、农业基础条件指标和相关综合区划进行产污综合区划一级分区的研究，进一步选择典型区并基于农业社会经济条件、农业种养情况、产污情况指标进行典型区主要影响因素分析，再进行典型区二级分区的研究。

（4）选取区域案例探索畜养产污核算、影响因素的研究方法。

如无特殊说明，本书分析部分中的“畜禽养殖污染”均指畜禽养殖的产污。

第 2 章　农业源污染机理分析与指标体系构建

中国畜养产污综合区划方法研究的基础是对农业源污染机理的认识。本章从农业源污染机理分析出发，构建畜养产污综合区划的指标体系，包括机理分析、区划指标选取原则和依据、指标体系的构建与解释等内容。

2.1　借鉴天地人思想的农业源污染机理分析

吴传钧先生将人地关系思想引入地理学（吴传钧,1991），基于人地关系思想，杨青山和梅林在人地关系地域系统的协调性研究中绘制了人类活动的正向作用图示（杨青山和梅林, 2001），分析了人口生产、物质生产和生态生产之间的相互联系。

农业非点源污染也是人类活动造成的，也可借鉴人地关系思想表述其外在机理。农业非点源污染是由人类活动的物质生产（种植、养殖）造成的对自然环境的影响，其影响因素涉及土地利用方式、农作方式、地形地貌、土壤植被、气候和水文特征、社会经济影响等方面（陶春等, 2010），是自然环境（天）、农业基础（地）和人类活动（人）三方面相互影响的结果，外在机理如图 2-1 所示。

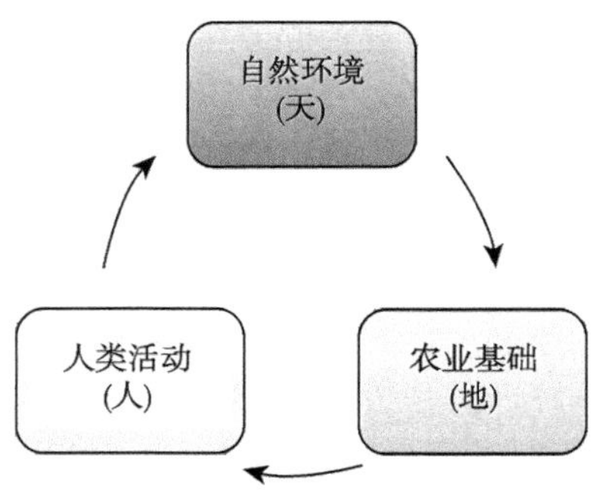

图 2-1　农业源污染外在机理

各地区不同的自然环境造就了不同的农业基础条件，构成了种植和养殖等农业生产活动的基础，其资源的承载力也是农业种养的一个限制条件。同时，不同的自然环境和农业基础也形成了各地区人类活动的环境背景。在各自的环境背景下，不同社会经济状况的区域采取的农业种养方式和结构不同，也形成不同的农业源产污。还有，各地区依据其社会经济状况和自然条件，采取不同的减排措施对农业源产生的污染物进行处理，最终形成农业源污染的排放。农业源排污进入环境，超过一定量形成污染，反馈入环境并对自然环境造成影响。这就是从农业非点源污染外在机理延伸分析的机理过程，该过程可表达为如图 2-2 所示的内容。

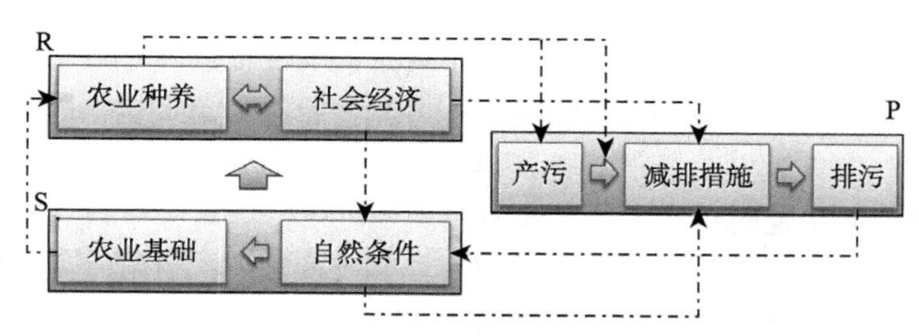

图 2-2　农业非点源污染机理简图

本书借用相关研究中的压力（P）、状态（S）和响应（R）思想分析该机理过程。在农业非点源污染机理简图中，自然条件与农业基础代表各地区的地形、地貌、水文、生物、土壤、农作习惯等自然本底和农业生产的基础状态（status），社会经济和农业种养代表各地区人口、经济、能源消耗、作物种植、畜禽养殖等人类活动的强度（responce），产污、减排措施、排污则代表在现有人类活动强度下人类对自然环境的扰动（pressure）。对于 P、S、R 三块内容内部及之间的具体联系，分析如下。

（1）状态 S 内部要素关系及其与响应 R 的联系。状态 S 内部要素有自然条件和农业基础。一个区域的自然条件，包括地形地貌、温度湿度、降水、植被等，经过长期的自然演化和人类活动的影响，形成了具有特定肥力土壤特征、不同类型的耕地（水田、旱地）及不同的耕作制度（复种）。也就是说，自然条件是农业基础条件的成因。状态 S 与响应 R 之间的联系：状态 S 的自然条件和农业基础构成了人类社会经济和农业种养活动开展的基础环境，也就是说，状态 S 是响应 R 的基础和支撑，特定的自然条件和农业基础孕育了特定的农业种养结构和习惯。同时，人类的社会经济和农业种养活动也是对自然的一种扰动，社会经济和农业种养活动也影响和改造着自然环境。因此，响应 R 反过来也积极影响着状态 S。总之，状态 S 与响应 R 之间是互相影响的。

（2）响应 R 内部要素关系及其与压力 P 的联系。响应 R 内部要素有社会经济和农业种养。一个区域的社会经济发展水平，包括人口、经济、能源消耗等影响着本区域农业种养的劳动力保障、农产品需求市场、种养方式、主要种植作物和养殖品种等方面。而农业种养作为一种经济活动也构成了本区域社会经济的一个重要组成部分。也就是说，社会经济与农业种养两者相互影响。响应 R 与压力 P 之间的联系：响应 R 中的种植和养殖活动，造成了肥料流失、作物秸秆、养殖废弃物等，形成了最初的污染源，也就是压力 P 中的产污。同时，不同的农业种养结构需要不同的减排方案和措施手段对原始污染物进行处理，处理过程中用到的设施、设备、处理分析原料需要社会经济的支持。因此，响应 R 是压力 P 产生的原因。

（3）压力 P 内部要素关系及其与状态 S 的联系。压力 P 内部要素有产污、减排措施和排污。一个区域农业源污染的最终排放是通过将原始的种养产污经过特定的减排措施处理后排放到环境中产生的排污。因此，压力 P 内部要素是一个有机过程的整体，原始污染物产生的结构、数量是减排措施选择的一个重要因素，而减排措施的处理效果决定了最终的排污情况。压力 P 与状态 S 之间的联系：最终的排污进入环境，对状态 S 尤其是自然条件产生了污染的压力，也就是说，压力 P 影响着状态 S。同时，在特定的自然条件和农业基础条件下，针对种植与养殖所选取的减排措施是不同的，减排效果也受到自然与农业基础的影响。也就是说，状态 S 通过减排措施和减排效果影响着压力 P 最终的农业源污染排放。因此，压力 P 与状态 S 是互为影响的。

总之，农业非点源污染机理简图中的压力 P、状态 S、响应 R 三者之间相互联系、相互影响，构成了一个不可分割的共同体。畜禽养殖污染是农业非点源污染的重要组成部分，也符合上述机理过程。不同的自然条件、农业基础、农业种养和社会经济相互作用下形成的污染物产生是该过程的关键环节，也是畜禽养殖污染分析的基础。因此，在畜养产污综合区划的研究中，应从农业源污染机理的整体出发，考虑与产污相关的自然条件、农业基础、农业种养和社会经济条件。

2.2　综合区划指标选取原则

科学性原则。区划指标的选择、权重系数的确定以及相关数据的选取、计算以及合成，必须以公认的科学理论为依据，以保证结果的真实性和客观性。

代表性原则。选择的指标应具有代表性，指标应具有明确的概念并对畜禽养殖或畜禽养殖污染有明确的影响，相关性强。

综合性原则。所选指标应尽可能涵盖多个方面，考虑各种因素的相关性、整体性和目标性，应是反映畜禽养殖及污染影响要素的主要方面，均衡协调自然、社会经济和农业等各方面的指标。

独立性原则。尽量选择具有独立性的指标，避免指标间的包含重叠关系，保证评价指标数量尽可能少，方法尽可能简单。区划指标应相互独立，分区之前应借助相关性检验剔除相关系数大的指标。

变异性原则。空间变异大的指标有利于进行区划，因而指标的变异系数大小也可成为选择指标的参考。

操作性原则。指标具有可测性和可比性，所选指标的具体数值可以通过监测、统计或计算等方法得到。对区划有参考价值但数据缺乏的指标，也可用描述性指标替代。

在综合考虑以上原则的同时，还要针对每条原则区别对待，根据实际情况灵活应用。

2.3　综合区划指标选取依据

开展畜养产污格局及区划研究工作，首先要选择一套与其相关的指标体系，借助各类指标对产污影响程度进行定性分析和定量判断，识别不同区域畜养产污的主导因素。选取指标时，基于对农业非点源污染机理的认识及农业、污染、信息等相关领域专家的意见，选取反映自然、农业、社会经济、污染等对畜养产污有影响的各相关因素，即考虑各类型内部指标、各类型之间的关系，也考虑各类型指标与畜养产污的相互作用关系。农业社会经济、农业种养和产污的各个指标都有对应的土地利用类型，尤其是对于乡村与非乡村的区分。在没有可用的较好的精细指标的情况下，假定各个指标在各自统计区域内部对应的土地利用类型中均匀分布。以下指标选取依据描述中的土地利用类型采用国家科技基础条件平台——国家地球系统科学数据共享服务平台的全国 1km 网格土地利用数据集的分类标准进行描述，相关的土地利用类型及含义见附录。

1）自然条件指标选取

农业生产与地形、水热、植被等多种自然条件息息相关，这些因素构成了农业生产的基本环境。各地区根据自身的自然环境特点形成了特定的农作习惯，主要是种植作物类型和产量、养殖品种选择及饲料源。同时，不同的自然条件也影响着污染物的产生、流失或排放。农业生产是一种重要的人类活动，与人类的生存和居住环境密切相关。唐焰从人居环境自然条件出发，以地形地貌、气候、水文和植被为评价因子研究了中国人居环境自然适宜性，本书研究中的自然条件指标体系引入其研究的思想，选择代表地形状况的地形起伏度、表征气候特点的温湿指数、描述水文特征的水文指数和体现植被特点的地被指数（封志明等,2008；唐焰,2008）。

一方面，人口分布反映了畜禽养殖产品需求的分布。虽然现代交通能够解决部分的异地需求，但是从宏观上看规模化畜禽养殖主要是为满足本地及附近地区的畜禽产品需求。对于全国层面的研究，畜禽养殖的分布与其产品需求的分布密切相关，也就是与人口的分布密切相关。这一点在 Gerber 等的研究中也有对应的分析（Gerber et al., 2005）。另一方面，目前从各种统计途径得到的畜禽养殖数据都不全面，不能满足全国层面、多尺度的畜禽养殖污染研究，也不足以支撑从畜禽养殖出发的自然条件分析。因此，综合考虑后，选择利用人口分布的自然适宜条件替代畜禽养殖自然条件的分析。

2）农业基础条件指标选取

农业基础条件是农业生产的重要基础，主要包括反映主要农业生产资料——耕地利用情况的耕地利用面积和反映土壤质量情况的土壤肥力综合质量指标。耕地利用面积指标反映在区域特定的耕作制度（复种指数）条件下利用耕地的面积。土壤肥力综合质量指标反映各地区土壤的全氮、全磷、全钾、有机质等土壤肥力的相对质量。对于畜禽养殖业来说，耕地为养殖业提供了饲料来源，也为畜禽废弃物加工的有机肥提供了施用的出路。

3）农业社会经济条件指标选取

农业社会经济条件指标反映农业生产活动的社会经济环境，该指标体系从人口、经济和电耗三方面反映农业的社会经济环境。人口指标，乡村人口为农业生产提供了劳动力保障，总人口影响着对农产品的需求；经济指标，GDP反映地区发展的经济水平，农业产值的密度反映地区农业发展的经济水平；电耗指标，农村用电量反映地区农业的电能消耗情况，从一定程度上也反映该地区农业的现代化水平，而总用电量反映整个地区的电能消耗情况。农村人口主要分布于农村居民点，城镇人口（非农村人口）主要分布于城镇用地，因此两个指标对应的土地利用类型分别为农村居民点和城镇用地，田永中在其基于土地利用的中国人口密度模拟的研究中将这两个指标划分为居住类型（田永中等,2004）。农业产值主要通过在耕地、林地和草地上开展农业生产取得，非农林牧渔的二、三产业 GDP 主要在城镇、其他建设用地上开展生产和商业活动取得，因而农业产值指标对应的土地利用类型分别为林地、草地和耕地，非农业产值对应城镇用地和其他建设用地。农村用电量主要为农村人口在生活和农业生产中的用电，对应的土地利用类型有农村居民点、其他林地和耕地；非农村用电量主要是城镇人口生活、商业活动和工业生产中的用电，对应的土地利用类型为城镇用地和其他建设用地。

4）农业种养情况指标选取

养殖量和粮食产量是农业生产向社会的最终输出，也影响着地区的产污情况。该指标体系以年畜养密度代表养殖业的产出情况，以年粮产密度代表种植业的产出情况，这两个密度值在一定程度上也反映了区域农业活动的规模和强度。年畜养密度计算的主要畜种参考“全国第一次污染源普查”采用的畜种，以肉猪出栏量、肉牛出栏量、奶牛存栏量、蛋鸡存栏量和肉鸡出栏量为基础核算数据。畜禽养殖业作为农业生产的一种，可以在农村生活区和传统生产区（农村居民点、耕地）等开展散户和专业户的养殖，而规模化养殖一般距离这两区较远。因此，畜禽养殖对应的土地利用类型为农村居民点、耕地、草地和其他建设用地。粮食生产主要在传统的种植业生产区域进行，对应的土地利用类型为耕地。

5）产污情况指标选取

产污指标的选取参考《第一次全国污染源普查畜禽养殖业源产排污系数手册》中产污系数统计的污染物指标，主要包括全氮、全磷、氨氮、化学需氧量、铜、锌等。畜禽养殖业污染物最好的处理方案为还田，因此其可施用的用地类型就是对应的土地利用类型，即林地、草地和耕地。

2.4　自然条件指标体系构建

自然条件指标涉及影响农业生产的各项自然指标，是农业生产的水、热、地形、植被等自然条件，见表 2-1。

表 2-1　自然指标体系

目标层	二级指标	三级指标
自然条件 A1	地形起伏度 B11	DEM
	温湿指数 B12	年均气温
		年均空气相对湿度
	水文指数 B13	年均降水量
		水域面积
	地被指数 B14	土地利用类型
		NDVI

B11 地形起伏度（relief degree of land surface），是区域海拔高度和地表切割程度的综合表征，是划分地貌类型的一项重要指标。参考封志明等的地形起伏度提取方法（封志明等, 2008），本书研究中地形起伏度的计算见式（2-1）。

$$\mathrm{RDLS}=\frac{1}{1000}\mathrm{ALT}+\frac{\left[\mathrm{Max}(H)-\mathrm{Min}(H)\right]\times\left(1-\frac{P(A)}{A}\right)}{500} \tag{2-1}$$

式中，RDLS 为地形起伏度，单位 m；ALT 为以某一栅格单元为中心一定区域内的平均海拔，单位 m；$\mathrm{Max}(H)$ 和 $\mathrm{Min}(H)$ 分别为该区域内的最高与最低海拔，单位 m；$P(A)$、A 分别为区域内平地面积和总面积，单位 km^2。在全国尺度研究中，筛选确定以 5km×5km 栅格为区域单元，即 A 值为 $25\mathrm{km}^2$。ALT、$\mathrm{Max}(H)$、$\mathrm{Min}(H)$ 根据数字高程模型（digital elevation model，DEM）计算。

B12 温湿指数（thermal tumidity index, THI），由 Thom 于 1959 年提出（Thom,1959），是经湿度修正后的温度。本书研究中将其用于表征区域气候适宜程度，计算公式见式（2-2）和式（2-3）。

$$\mathrm{THI}=T-0.55(1-f)(T-58) \tag{2-2}$$

$$T=1.8t+32 \tag{2-3}$$

式中，THI 为温湿指数，单位℃；t 为温度，单位℃；T 为华氏温度，单位°F；f 为空气相对湿度，单位%。

年均气温是将 12 个月的月平均气温累加后除以 12 获得，单位℃。

年均空气相对湿度：相对湿度指空气中实际所含水蒸气密度和同温度下饱和水蒸气密度的百分比值。其统计方法与气温相同。

B13 水文指数，是采用降水量和水域面积的比重表征区域水资源丰缺程度的指标，计算公式见式（2-4）。

$$\mathrm{WRI} = \alpha P + \beta W_a \tag{2-4}$$

式中，WRI 为水文指数，量纲为一；P 和 W_a 分别为归一化降水量和归一化水域面积，量纲为一；α 和 β 分别为归一化的降水和水域的权重，参考唐焰采用的专家打分值，分别取 0.8 和 0.2（唐焰, 2008）。

降水量指从天空降落到地面的液态或固态（经融化后）水，未经蒸发、渗透、流失而在地面上积聚的深度。年降水量是将 12 个月的月降水量累加，单位 mm。

水域面积指研究区域内河渠、湖泊、水库坑塘、永久性冰川雪地、滩涂、滩地等的面积，单位 km^2。

B14 地被指数，指一定区域内地表的植被覆盖程度，表征不同土地利用/覆被类型下的植被覆盖状态，计算公式见式（2-5）。

$$\mathrm{LCI} = \sum_{i=1}^{25} \mathrm{NDVI} \cdot \mathrm{LT}_i \tag{2-5}$$

式中，LCI 为地被指数，量纲为一；NDVI（normalized difference vegetation index）为正向归一化植被指数，量纲为一；LT_i 为各种土地利用类型的权重。参考唐焰采用的专家打分值，分别为水田 1.0、旱地 0.7、有林地 0.6、灌木林 0.6、疏林地 0.4、其他林地 0.4、高盖度草地 0.6、中盖度草地 0.6、低盖度草地 0.6、河渠 0.6、湖泊 0.6、水库坑塘 0.6、永久性冰川雪地 0.1、滩涂 0.3、滩地 0.4、城镇用地 0.8、农村居民点 0.6、其他建设用地 0.4、沙地 0.1、戈壁 0.1、盐碱地 0.2、沼泽地 0.5、裸土地 0.2、裸岩石质地 0.1、其他未利用地 0.3（唐焰, 2008）。

2.5　农业基础条件指标体系构建

农业基础条件指标涉及耕地利用面积和土壤肥力综合质量，评价指标如表 2-2 所示。具体指标解释如下。

B21 耕地利用面积反映耕地资源利用情况，该指标利用栅格单元水田、旱地及其复种指数得到耕地利用亩数，计算公式见式（2-6）。

$$\mathrm{Sa}_{\mathrm{grid}} = \left(\mathrm{Sp}_{\mathrm{grid}} + \mathrm{Sd}_{\mathrm{grid}}\right) \cdot \mathrm{Im}_{\mathrm{grid}} \tag{2-6}$$

表 2-2　农业基础条件指标体系

目标层	二级指标	三级指标	单位
农业基础条件 A2	耕地利用面积 B21	水田	亩/km^2
		旱地	亩/km^2
		复种指数	%
	土壤肥力综合质量 B22	土壤全氮含量	%
		土壤全磷含量	%
		土壤全钾含量	%
		土壤有机质含量	%

式中，Sa_{grid} 为格元耕地利用面积，单位亩；Sp_{grid} 和 Sd_{grid} 分别为格元水田和旱地面积，单位亩；Im_{grid} 为格元复种指数，量纲为一。

种植制度反映种植业的熟制，是水热条件对农业生产影响的表现，用复种指数表示。复种指数是耕地上全年农作物的总播种面积与耕地面积之比，是反映耕地利用程度的指标，用百分数表示。

B22 土壤肥力综合质量反映各地区土壤有机质、全氮、全磷和全钾含量的情况，以土壤肥力综合质量指数表示，计算公式见式（2-7）。

$$S_{fer\_grid} = \mathrm{SOM}_{grid} \times 0.15 + \mathrm{STN}_{grid} \times 0.15 + \mathrm{STP}_{grid} \times 0.3 + \mathrm{STK}_{grid} \times 0.4 \tag{2-7}$$

式中，S_{fer_grid} 为格元土壤肥力综合质量；SOM_{grid}、STN_{grid}、STP_{grid}、STK_{grid} 分别为土壤有机质、土壤全氮、土壤全磷和土壤全钾单因子肥力质量等级。

2.6　农业社会经济条件指标体系构建

本节构建由分政区的社会经济统计数据向格网数据转换的指标转换算法，指标涉及人口密度、经济密度和电耗强度，如表 2-3 所示。

表 2-3　农业社会经济条件指标体系

目标层	二级指标	三级指标
农业社会经济条件 A3	人口密度 B31	乡村人口密度 C311
		非乡村人口密度 C312
	经济密度 B32	农业产值密度 C321
		非农业产值密度 C322
	电耗强度 B33	农村用电密度 C331
		非农村用电密度 C332

B31 人口密度反映地区的农业劳动力情况，包括乡村人口密度和非乡村人口密度，计算公式分别见式（2-8）和式（2-9）。

$$\rho_{\text{pgrid}\_i} = \rho_{\text{prgrid}\_i} + \rho_{\text{pnrgrid}\_i} \tag{2-8}$$

式中，ρ_{pgrid_i}为第 i 个地区格元人口密度值；ρ_{prgrid_i}为第 i 个地区格元乡村人口密度值；ρ_{pnrgrid_i}为第 i 个地区格元非乡村人口密度值，单位均为人/km^2。

$$\rho_{\text{prgrid}\_i} = P_{\text{rural}\_i} \cdot \frac{\text{Sr}_{\text{grid}}}{\text{Sr}_i}; \quad \rho_{\text{pnrgrid}\_i} = \left(P_{\text{total}\_i} - P_{\text{rural}\_i}\right) \cdot \frac{\text{Snr}_{\text{grid}}}{\text{Snr}_i} \tag{2-9}$$

式中，ρ_{prgrid_i}为第 i 个地区格元乡村人口密度值；ρ_{pnrgrid_i}为第 i 个地区格元非乡村人口密度值，单位均为人/km^2；P_{rural_i}为第 i 个地区乡村人口；P_{total_i}为第 i 个地区总人口，单位均为人；Sr_{grid}和Sr_i分别为格元和第 i 个地区乡村人口分布面积比例，参与计算的土地利用类型为农村居民点；Snr_{grid}和Snr_i分别为格元和第 i 个地区非乡村人口分布面积比例，参与计算的土地利用类型为城镇用地。

相应的，在计算分省、分县等格数据的人口密度时，乡村人口密度为乡村人口统计值与对应的土地利用面积之比，非乡村人口密度为非乡村人口（即城镇人口）与对应的土地利用面积之比。需要说明的是，农业基础条件、农业种养情况、产污情况等指标体系中相关指标的分省、分县格数据尺度计算时与之类似，相应章节不再赘述。

B32 经济密度反映地区的农业经济情况，包括农业产值密度和非农业产值密度，计算公式见式（2-10）、式（2-11）和式（2-12）。

$$\rho_{\text{fgrid}\_i} = \rho_{\text{fagrid}\_i} + \rho_{\text{fnagrid}\_i} \tag{2-10}$$

式中，ρ_{fgrid_i}为第 i 个地区格元经济密度值；ρ_{fagrid_i}为第 i 个地区格元乡村农业产值密度值；ρ_{fnagrid_i}为第 i 个地区格元非农业产值密度值，单位均为万元/km^2。

$$\rho_{\text{fagrid}\_i} = F_{a\_i} \cdot \frac{\text{Sfa}_{\text{grid}}}{\text{Sfa}_i} \tag{2-11}$$

$$\rho_{\text{fnagrid}\_i} = \left(F_{t\_i} - F_{a\_i}\right) \cdot \frac{\text{Sfna}_{\text{grid}}}{\text{Sfna}_i} \tag{2-12}$$

式中，ρ_{fagrid_i}为第 i 个地区格元乡村农业产值密度值；ρ_{fnagrid_i}为第 i 个地区格元非农业产值密度值，单位均为万元/km^2；F_{a_i}为第 i 个地区农业产值；F_{t_i}为第 i 个地区总产值，单位均为万元；Sfa_{grid}和Sfa_i分别为格元和第 i 个地区农业产值分布面积比例，参与计算的土地利用类型为林地、草地和耕地等；$\text{Sfna}_{\text{grid}}$和$\text{Sfna}_i$分别为格元和第 i 个地区非农业产值分布面积比例，参与计算的土地利用类型为城镇用地和其他建设用地等。

B33 电耗强度反映地区的农业电耗情况，包括农村用电密度和非农村用电密度，计算公式分别见式（2-13）、式（2-14）和式（2-15）。

$$\rho_{\mathrm{egrid}\_i} = \rho_{\mathrm{ergrid}\_i} + \rho_{\mathrm{enrgrid}\_i} \tag{2-13}$$

式中，ρ_{egrid_i} 为第 i 个地区格元电耗强度值；ρ_{ergrid_i} 为第 i 个地区格元农村用电密度值；$\rho_{\mathrm{enrgrid}\_i}$ 为第 i 个地区格元非农村用电密度值，单位均为万 kW · h/km^2。

$$\rho_{\mathrm{ergrid}\_i} = E_{\mathrm{rural}\_i} \cdot \frac{\mathrm{Ser}_{\mathrm{grid}}}{\mathrm{Ser}_i} \tag{2-14}$$

$$\rho_{\mathrm{enrgrid}\_i} = \left(E_{\mathrm{total}\_i} - E_{\mathrm{rural}\_i}\right) \cdot \frac{\mathrm{Senr}_{\mathrm{grid}}}{\mathrm{Senr}_i} \tag{2-15}$$

式中，ρ_{ergrid_i} 为第 i 个地区格元农村用电密度值；$\rho_{\mathrm{enrgrid}\_i}$ 为第 i 个地区格元非农村用电密度值；单位均为万 kW · h/km^2；E_{rural_i} 为第 i 个地区农村用电量；E_{total_i} 为第 i 个地区总用电量，单位万 kW · h；$\mathrm{Ser}_{\mathrm{grid}}$ 和 Ser_i 分别为格元和第 i 个地区农村用电分布面积比例，参与计算的土地利用类型为其他林地、农村居民点和耕地等；$\mathrm{Senr}_{\mathrm{grid}}$ 和 Senr_i 分别为格元和第 i 个地区非农村用电分布面积比例，参与计算的土地利用类型为城镇用地和其他建设用地等。

2.7　农业种养情况指标体系构建

农业种养情况指标涉及年畜养密度、年粮产密度等，其评价指标如表 2-4 所示。

表 2-4　农业种养情况指标体系

目标层	二级指标	三级指标	单位
农业种养情况 A4	年畜养密度 B41	肉猪出栏量	头/（km^2·a）
		肉牛出栏量	头/（km^2·a）
		奶牛存栏量	头/（km^2·a）
		蛋鸡存栏量	头/（km^2·a）
		肉鸡出栏量	头/（km^2·a）
	年粮产密度 B42	粮食总产量	t/（km^2·a）

B41 年畜养密度反映养殖业的生产情况，用标准化养殖量表示。年畜养密度按照耕地利用面积核算每平方千米的标准化养殖量，计算公式见式（2-16）。

$$\rho_{\mathrm{lgrid}\_i}=L_{\mathrm{std}}\cdot\frac{\mathrm{Sl}_{\mathrm{grid}}}{\mathrm{Sl}_i} \qquad (2\text{-}16)$$

式中，ρ_{lgrid_i}为第 i 个地区格元年畜养密度，单位头/km^2；L_{std}为第 i 个地区格元标准化养殖量，单位头；$\mathrm{Sl}_{\mathrm{grid}}$和$\mathrm{Sl}_i$分别为格元和第 i 个地区畜禽养殖面积比例，参与计算的土地利用类型为草地、农村居民点、其他建设用地和耕地等。

标准化养殖量的计算依据畜禽养殖业污染物排放标准2011推荐稿的转换方法，计算公式见式（2-17）。

$$L_{\mathrm{std}}=L_{\mathrm{pig}}+5L_{\mathrm{cat}}+10L_{\mathrm{cow}}+\frac{1}{30}L_{\mathrm{lay}}+\frac{1}{60}L_{\mathrm{bro}} \qquad (2\text{-}17)$$

式中，L_{std}为标准化养殖量；L_{pig}、L_{cat}、L_{cow}、L_{lay}、L_{bro}分别为肉猪出栏量、肉牛出栏量、奶牛存栏量、蛋鸡存栏量和肉鸡出栏量，单位为头（或只）。

B42 年粮产密度反映粮食生产情况，以粮食产量等表示。粮食产量指全社会的产量，包括国有经济经营的、集体统一经营的和农民家庭经营的粮食产量，还包括工矿企业办的农场和其他生产单位的产量。粮食除稻谷、小麦、玉米、高粱、谷子及其他杂粮外，还包括薯类和豆类。年粮产密度按照耕地核算每平方千米的产量，计算公式见式（2-18）。

$$\rho_{\mathrm{ggrid}\_i}=G_i\cdot\frac{\mathrm{Sg}_{\mathrm{grid}}}{\mathrm{Sg}_i} \qquad (2\text{-}18)$$

式中，ρ_{ggrid_i}为第 i 个地区格元年粮产密度，单位 t/km^2；G_i为第 i 个地区粮食总产量，单位 t/km^2；$\mathrm{Sg}_{\mathrm{grid}}$和$\mathrm{Sg}_i$分别为格元和第 i 个地区产量面积比例，参与计算的土地利用类型为耕地（耕地利用面积对应的比例）。

2.8　产污情况指标体系构建

产污情况指标以年畜养产污密度描述，如表 2-5 所示。

表 2-5　产污情况指标体系

目标层	二级指标	三级指标
产污情况 A5	年畜养产污密度 B51	全氮产生量
		全磷产生量
		氨氮产生量
		化学需氧量
		铜产生量
		锌产生量

B51 年畜养产污密度主要用于描述畜禽养殖的产污情况，反映在相对稳定的自然环境条件和农业基础条件下，因农业社会经济条件、农业种养情况的不同而导致产污情况的不同。畜养产污密度按照耕地利用面积核算每平方千米的畜养产污，以等标污染指数（equivalent standard pollution index）表示，计算公式见式（2-19）。

$$\rho_{\mathrm{ESPgrid\_}i} = \mathrm{ESP}_{\mathrm{std\_}i} \cdot \frac{\mathrm{Sesp}_{\mathrm{grid}}}{\mathrm{Sesp}_i} \tag{2-19}$$

式中，$\rho_{\mathrm{ESPgrid\_}i}$ 为第 i 个地区格元畜养产污密度值，量纲为一；$\mathrm{ESP}_{\mathrm{std\_}i}$ 为第 i 个地区总等标污染指数，量纲为一；$\mathrm{Sesp}_{\mathrm{grid}}$ 和 Sesp_i 分别为格元和第 i 个地区畜养产污分配面积比例，参与计算的土地利用类型为林地、草地和耕地等。

等标污染指数的计算方法参考《地表水环境质量标准》（GB3838—2002）中的基本项目标准限值的Ⅲ类标准，对相关产污量进行转换，计算公式见式（2-20）。

$$\mathrm{ESP}_{\mathrm{std\_}i} = \frac{\mathrm{TN}_i}{\lambda_1} + \frac{\mathrm{TP}_i}{\lambda_2} + \frac{\mathrm{TNH_3N}_i}{\lambda_3} + \frac{\mathrm{TCOD}_i}{\lambda_4} + \frac{\mathrm{TCu}_i}{\lambda_5} + \frac{\mathrm{TZn}_i}{\lambda_6} \tag{2-20}$$

式中，$\mathrm{ESP}_{\mathrm{std\_}i}$ 为第 i 个地区总等标污染指数，量纲为一；TN_i、TP_i、$\mathrm{TNH_3N}_i$、TCOD_i、TCu_i、TZn_i 分别是各畜种年产生的总氮、总磷、氨氮、化学需氧量、铜和锌，单位均为 t/a；$\lambda_1 \sim \lambda_6$ 分别是按照日排 1t 进行年折算后的质量标准限值，单位 t/a。

各畜种的年产污量按照《第一次全国污染源普查畜禽养殖业源产排污系数手册》中的产污系数进行折算，计算公式（以总氮为例）见式（2-21）。

$$\mathrm{TN}_i = \sum_{j=1}^{5} \alpha_{Nji} \beta_j L_{ji} \tag{2-21}$$

式中，TN_i 为第 i 个地区总氮年产污量，单位 t/a；α_{Nji} 为 j 品种在第 i 个地区的产污系数，单位统一为 t/（头·d）；β_j 为 j 品种的平均养殖周期，本书研究中参考相关研究（彭里，2009；马林等，2006a），分别取肉猪 200d、肉牛 365d、奶牛 365d、蛋鸡 365d、肉鸡 55d；L_{ji} 为 j 品种在第 i 个地区的相应存出栏量，单位头。

为便于计算且与年产污进行对应，本书研究中按照日排 1t 将相应限值折算至年，计算公式见式（2-22）。

$$\lambda_i = 0.365 c_i \tag{2-22}$$

式中，c_i 为相应污染物标准限值，单位 mg/L。计算得到 λ_1 为 0.365，λ_2 为 0.073，λ_3 为 0.365，λ_4 为 7.3，λ_5 为 0.365，λ_6 为 0.365，单位为 t/a。

第3章　中国畜养产污综合区划方案设计

农业非点源污染涉及自然环境、农业基础和人类活动三方面，在中国畜养产污综合区划研究中应综合考虑自然条件与社会经济条件。但是，全国综合区划如何兼顾自然与经济两方面，这在理论方法上是一个难题（郑度等, 2005；黄秉维, 2003a）。本章采用定性与定量相结合的方法设计综合区划方案，以定量的方法分析区划指标，以现有综合区划或分区方案作为定性指导，探索在全国综合区划中兼顾自然及经济的可行性研究策略。

中国综合区划以畜养产污为研究对象，目标是通过研究提出符合我国自然、农业和社会经济条件的畜养产污管理的分区方案，为在战略层面制定畜禽养殖业的分区域管理政策提供重要依据。分区方案应兼顾宏观尺度的自然地理背景和中观尺度的社会经济环境。

3.1　中国畜养产污综合区划的原则及方法

综合区划以地域分异规律为理论基础，同时继承传统的发生统一性、区域共轭性、相对一致性、综合性和主导因素等原则（刘燕华等, 2005）。此外，自然与人文相结合是综合区划首要解决的问题，在综合区划时自然与人文因素同等重要（吴绍洪, 1998）。因此，中国畜养产污综合区划的原则如下：

1）发生统一性原则

地域系统是由水、土壤、气候、植物及人文要素相互作用组成的地域复合体（石淑芹, 2009）。在中国畜养产污综合区划研究中，发生统一性用于强调畜禽养殖业布局在自然环境和人类活动影响中的一致性，有相同背景的地域单元应具有相对一致的自然和人文环境。

2）区域共轭性原则

任何一个区划单元应具有个体性，在空间上完整且不重复出现。对于中国畜养产污综合区划，区划中的任何一个区应为完整个体，不存在彼此分离的部分。

3）综合性和主导因素相结合的原则

畜养产污综合区划综合考虑自然和人文因素，自然环境对养殖业的影响相对稳定，而人文环境对养殖业的影响波动较大。因此，在大的区域划分时，主要参照自然因素，以反映宏观尺度上人类社会生存发展的自然环境、资源的地域分异规律。

在大区域内进一步划分时，主要参照人文因素，反映中观尺度上的分异。

4）兼顾现有综合区划方案的原则

中国自然区划、中国综合农业区划、中国畜牧业综合区划、中国耕作制度区划等现有区划对中国的地域划分体现了相关领域科学家对领域问题与中国的自然、人文环境关系的认知，是相关领域知识和成果的凝练，也是本书研究进行区划工作的重要参考资料。在畜养产污综合区划研究中，宏观尺度的地域分异分析应兼顾现有区划对中国自然与人文环境的认识。

5）区内相似性和区间差异性原则

区内相似性包括自然要素、农业社会经济要素、畜禽养殖发展方向和目标的一致性等，体现区域气候、地形地貌、水文、土壤、植被等的相似性，体现人口、GDP及耕作制度和主导农业的相似性。区间差异性指在区域间的自然和人文要素在不同区划级别和同级不同分区之间应具有明显的差异。

中国畜养产污综合区划研究中采用的研究方法主要有空间统计分析、相关和回归分析、地理加权回归等方法，还涉及地统计分析和探索性空间数据分析等，具体方法主要有等值图分级、重心曲线、叠置分析、相关分析、回归分析、空间抽样、半方差函数分析、地理加权回归等。

区划研究的实施方案是基于已构建的产污区划指标体系，选取相关数据进行系列的分析处理，主要包括基础指标处理与指标综合评分、一级区划分、影响因素分析、二级区（典型区）分区方法探索等步骤，本章的后续章节将针对相关内容展开论述。

3.2　中国畜养产污综合区划的数据源

本书研究涉及的区划指标主要有自然条件指标、农业基础条件指标、农业社会经济条件指标、农业种养情况指标和产污情况指标五类，其中自然条件指标、农业基础条件指标以及农业社会经济的部分指标从相关的科研平台获取；农业种养情况指标和部分农业社会经济指标从相关的统计年鉴和农业统计资料获取；产污情况指标基于相关统计数据，并根据相关的产污系数计算获得。收集指标涉及的统计资料主要有中国统计年鉴、中国畜牧业年鉴、各省统计年鉴、农业调查资料、全国第一次污染源普查资料等。需要强调的是，获取到的统计数据多为分行政区的，为便于研究将其处理成格网形式。

1）自然条件指标

自然条件指标包括地形起伏度、温湿指数、水文指数和地被指数，涉及的数据有 DEM、年均气温、年均空气相对湿度、年均降水量、水域面积、土地利用类型和归一化植被指数（NDVI）等，相关数据都进行了统一的坐标投影转换，并重采样为 1km 格网。

数字高程模型（DEM）数据来源于国家科技基础条件平台——国家地球系统科学数据共享服务平台（寒区旱区科学数据共享平台）的中国 1km 分辨率数字高程模型数据集的 SRTM 数据，该数据源是美国地质调查局（U. S. Geological Survey，USGS）的地球资源观测卫星（Earth Resources Observing Satelite，EROS）数据中心生产的 GTOPO30 全球 DEM 数据，栅格分辨率为 30rad · s。

年均气温数据来源于中国生态系统研究网络数据共享平台的全国气象/气候栅格数据集，栅格分辨率为 1km。该数据利用 673 个气象站点的 30 年平均气温资料，按全国 8 个地区，采用三维二次趋势面模拟和残差内插（IDW）相结合的方法，生成 1km × 1km 空间数据集，单位 0.1℃。经 36 个站检验，平均绝对误差（MAE）为 0.42℃，夏半年在 0.4℃左右、冬半年为 0.55~0.73℃。

年均空气相对湿度数据来源于中国生态系统研究网络数据共享平台的全国气象/气候栅格数据集，栅格分辨率为 1km。该数据利用 680 个气象站点 30 年累计平均的月平均相对湿度资料，按全国 7 个地区，采用三维二次趋势面模拟和残差内插（IDW）相结合的方法，生成 1km × 1km 空间数据集，单位为%。经 29 个站检验，年平均相对误差为 3%，各月平均相对误差多在 5%以下。

年均降水量数据来源于美国加州大学伯克利分校的 Robert J. Hijmans、Susan Cameron 和 Juan Parra 的高精度全球陆地气候表面插值数据集——WorldClim，栅格分辨率为 30m（Hijmans et al., 2005）。该数据利用全球、区域、国家和地方大量气象站点 50 年的累计月平均气象数据资料，采用薄板光滑样条插值方法生成（Hutchinson, 2004）。

土地利用类型数据来源于国家科技基础条件平台——国家地球系统科学数据共享服务平台的全国 1km 网格土地利用数据集，栅格分辨率为 1km。该数据集是以中科院资源环境数据库 1:10 万土地利用图为基础的全国 1km 格网数据库，每个 1km × 1km 格网带有耕地（水田、旱地）、林地、园地、草地、城镇居民点用地、工矿用地、交通用地、未利用地等的面积比例。

本指标中的水域面积数据是基于土地利用类型数据集计算的。农业基础条件指标、农业社会经济条件指标、农业种养情况指标、产污情况指标中用到的土地利用面积及比例均源于土地利用类型数据集。归一化植被指数（NDVI）数据是利用美国国家航空航天局（NASA） EOS 系列卫星的 MODIS 数据，对 2007 年每 8 天的数据进行平均计算，然后进行全年平均，最终得到 2007 年年均的 NDVI 值，最终将数据处理成 1km 分辨率。

2）农业基础条件指标

农业基础条件指标包括耕地利用面积和土壤肥力综合质量，涉及的数据有水田、旱地、复种指数、土壤肥力综合质量、土壤全氮含量、土壤全磷含量、土壤全钾含量、土壤有机质含量等。复种指数基于《中国耕作制度区划》（刘巽浩，1987）中的复种指数值，对矢量数据进行栅格化，得到全国 1km 的复种指数分布图。中国耕作制度区划的矢量数据来源于中国农业科学院农业资源与农业区划研究所。土壤肥力综合质量、土壤全氮含量、土壤全磷含量、土壤全钾含量、土壤有机质含量等数据来源于国家科技基础条件平台——国家地球系统科学数据共享服务平台的全国 1:400 万土壤肥力质量分布图集。该数据是基于全国第二次土壤普查成果中的全国 1:400 万和 1:100 万土壤图件进行清查、整理和数字化的成果。通过将全国 1:400 万的有机质（OM）、全氮（TN）、全磷（TP）和全钾（TK）等级分布图按新的土壤肥力质量单因子评价标准重新分级，并将单因子肥力质量等级图叠加后形成综合评价单元图，对各单元计算综合评分（评分方法见指标 B22），并按照土壤肥力综合质量评分分级标准对各单元进行评价。本书研究中，首先对土壤全氮、全磷、全钾和有机质含量等图进行 1km 栅格化，然后利用指标 B22 的处理方法得到全国 1km 土壤肥力综合质量栅格图。

3）农业社会经济条件指标

农业社会经济条件指标包括人口密度、经济密度和电耗强度，涉及的数据有乡村人口、总人口、农业产值、GDP、农村用电量、总用电量等，这些社会经济指标来源于中国统计年鉴、各省统计年鉴、农业调查数据等统计和调查资料，数据尺度按照统计尺度整理，包括分省、分市和分县数据。需要说明的是，由于各类年鉴覆盖指标数据的统计尺度各有不同，在进行全国尺度分析时统一采用分省尺度的数据进行处理，而在进行分析、比较、检验等工作时采用能够获取到的分市与分县数据进行分析（非全覆盖数据）。

4）农业种养情况指标

农业种养情况指标包括年畜养密度和年粮产密度，涉及的数据有肉猪出栏量、肉牛出栏量、奶牛存栏量、蛋鸡存栏量、肉鸡出栏量、粮食总产量等。需要说明的是，为与农业污染源普查工作一致，畜禽养殖数据选择了“一猪两牛两鸡”这五类数据。肉猪出栏量、肉牛出栏量、奶牛存栏量、蛋鸡存栏量和肉鸡出栏量数据来源于《中国畜牧业年鉴 2008》，粮食总产量来源于《中国统计年鉴 2008》，数据尺度为分省数据。

5）产污情况指标

产污情况指标主要指年畜养产污密度，涉及的数据有全氮产生量、全磷产生量、氨氮产生量、化学需氧量、铜产生量、锌产生量等，这些数据是利用农业种养情况和不同地区的产污系数计算获得的（见指标 B41）。

6）其他数据

研究中用到的中国自然区划、中国畜牧业综合区划、中国综合农业区划等相关区划数据来源于国家科学数据共享工程——国家农业科学数据中心和中国农业科学院农业资源与农业区划研究所。

3.3　中国畜养产污综合区划指标标准化

基于不同类型定量指标的区划研究，需要对不同量纲指标的初始数据进行标准化处理，并参考一定的标准或借助一定的方法将所有指标数值转换为统一的含义。

1）自然条件指标标准化

自然条件指标的标准化方法参考唐焰等的研究（唐焰, 2008），各单指标的标准化公式如下：

$$\mathrm{NRDLS}=100-100\times\frac{\mathrm{RDLS}-\mathrm{RDLS}_{\min}}{\mathrm{RDLS}_{\max}-\mathrm{RDLS}_{\min}} \tag{3-1}$$

式（3-1）为地形起伏度指标的标准化公式，其中 NRDLS 为地形起伏度标准化值，RDLS 为地形起伏度，$\mathrm{RDLS}_{\max}$ 与 $\mathrm{RDLS}_{\min}$ 分别为地形起伏度的最大值与最小值。

$$\begin{cases}\mathrm{NTHI}=0 & \mathrm{THI}\leqslant 45\\ \mathrm{NTHI}=100\times\dfrac{\mathrm{THI}-45}{20} & 45<\mathrm{THI}<65\\ \mathrm{NTHI}=100-100\times\dfrac{\mathrm{THI}-65}{15} & \mathrm{THI}\geqslant 65\end{cases} \tag{3-2}$$

式（3-2）为气候适宜度（即温湿指数）的标准化公式，其中 NTHI 为气候适宜度的标准化值，THI 为温湿指数。

$$\begin{cases}\mathrm{NWRI}=100 & \mathrm{WRI}>80\\ \mathrm{NWRI}=100\times\dfrac{\mathrm{WRI}-\mathrm{WRI}_{\min}}{80-\mathrm{WRI}_{\min}} & \mathrm{WRI}\leqslant 80\end{cases} \tag{3-3}$$

式（3-3）为水文指数的标准化公式，其中 NWRI 为水文指数的标准化值，WRI 为水文指数，$\mathrm{WRI}_{\min}$ 为水文指数最小值。

$$\begin{cases}\mathrm{NLCI}=100 & \mathrm{LCI}>0.4\\ \mathrm{NLCI}=100\times\dfrac{\mathrm{LCI}-\mathrm{LCI}_{\min}}{0.4-\mathrm{LCI}_{\min}} & \mathrm{LCI}\leqslant 0.4\end{cases} \tag{3-4}$$

式（3-4）为地被指数的标准化公式，其中 NLCI 为地被指数的标准化值，LCI 为地被指数，$\mathrm{LCI}_{\min}$ 为地被指数最小值。

2）农业基础条件指标标准化

农业基础条件指标的标准化方法采用正向标准化方法，各指标的标准化公式如下：

$$NSa_{grid} = 100 \times \frac{Sa_{grid} - Sa_{grid\_min}}{Sa_{grid\_max} - Sa_{gird\_min}} \tag{3-5}$$

式（3-5）为耕地利用面积的标准化公式，其中 NSa_{grid} 为格元耕地利用面积的标准化值，Sa_{grid} 为格元耕地利用面积，Sa_{grid_max} 与 Sa_{gird_min} 分别为格元耕地利用面积的最大值和最小值。

$$\begin{cases} NS_{fer} = 20 \times \dfrac{S_{fer}}{1.5} & S_{fer} \leqslant 1.5 \\ NS_{fer} = 20 + 20 \times \dfrac{S_{fer} - 1.5}{2.5 - 1.5} & 1.5 < S_{fer} \leqslant 2.5 \\ NS_{fer} = 40 + 20 \times \dfrac{S_{fer} - 2.5}{3.5 - 2.5} & 2.5 < S_{fer} \leqslant 3.5 \\ NS_{fer} = 60 + 20 \times \dfrac{S_{fer} - 3.5}{4.5 - 3.5} & 3.5 < S_{fer} \leqslant 4.5 \\ NS_{fer} = 80 + 20 \times \dfrac{S_{fer} - 4.5}{5 - 4.5} & 4.5 < S_{fer} \leqslant 5 \end{cases} \tag{3-6}$$

式（3-6）为土壤肥力综合质量的标准化公式，其中 NS_{fer} 为土壤肥力综合质量标准化值，S_{fer} 为土壤肥力综合质量。该公式对土壤肥力综合质量进行了分段计算，分段的依据参考全国 1:400 万土壤肥力综合质量分布图的多因子肥力质量综合评判标准，将原始标准以 100 分制定量化计算。

3）农业社会经济条件指标标准化

农业社会经济条件各指标的标准化方法如下：

$$N\rho_p = 10000 \times \frac{\rho_p - \rho_{p\_min}}{\rho_{p\_max} - \rho_{p\_min}} \tag{3-7}$$

式（3-7）为人口密度的标准化公式，其中 $N\rho_p$ 为人口密度的标准化值，ρ_p、ρ_{p_max} 和 ρ_{p_min} 分别为格元人口密度及其最大值和最小值。乡村人口密度与非乡村人口密度标准化方法与该式相似。

$$N\rho_f = 10000 \times \frac{\rho_f - \rho_{f\_min}}{\rho_{f\_max} - \rho_{f\_min}} \tag{3-8}$$

式（3-8）为经济密度的标准化公式，其中 $N\rho_f$ 为经济密度的标准化值，ρ_f、ρ_{f_max} 和 ρ_{f_min} 分别为格元经济密度及其最大值和最小值。农业产值密度与非农业产值密度标准化方法与该式相似。

$$N\rho_e = 10000 \times \frac{\rho_e - \rho_{e\_min}}{\rho_{e\_max} - \rho_{e\_min}} \tag{3-9}$$

式（3-9）为电耗强度的标准化公式，其中 $N\rho_e$ 为电耗强度的标准化值，ρ_e、ρ_{e_max} 和 ρ_{e_min} 分别为格元电耗强度及其最大值和最小值。农村用电密度与非农村用电密度的标准化方法与该式相似。

4）农业种养情况指标标准化

农业种养情况各指标的标准化方法如下：

$$N\rho_l = 10000 \times \frac{\rho_l - \rho_{l\_min}}{\rho_{l\_max} - \rho_{l\_min}} \tag{3-10}$$

式（3-10）为年畜养密度的标准化公式，其中 $N\rho_l$ 为年畜养密度的标准化值，ρ_l、ρ_{l_max} 和 ρ_{l_min} 分别为格元年畜养密度及其最大值和最小值。

$$N\rho_g = 10000 \times \frac{\rho_g - \rho_{g\_min}}{\rho_{g\_max} - \rho_{g\_min}} \tag{3-11}$$

式（3-11）为年粮产密度的标准化公式，其中 $N\rho_g$ 为年粮产密度的标准化值，ρ_g、ρ_{g_max} 和 ρ_{g_min} 分别为格元年粮产密度及其最大值和最小值。

5）产污情况指标标准化

产污情况各指标的标准化方法如下：

$$N\rho_{ESP} = 10000 \times \frac{\rho_{ESP} - \rho_{ESP\_min}}{\rho_{ESP\_max} - \rho_{ESP\_min}} \tag{3-12}$$

式（3-12）为年畜养产污密度的标准化公式，其中 $N\rho_{ESP}$ 为年畜养产污密度的标准化值，ρ_{ESP}、ρ_{ESP_max} 和 ρ_{ESP_min} 分别为格元年畜养产污密度及其最大值和最小值。

3.4　中国畜养产污综合区划指标评分方法

自然条件指标综合评分方法：对于自然条件指标的综合评分，唐焰采用了分区的相关系数权重方法，本书研究中利用自然条件指标的综合评分来指导区划工作，且唐焰选用的中国自然地理区划的分区与本书研究中选用的相关分区不一致，所以在处理权重时，各单指标权重取其八个区域的算术平均值（唐焰, 2008）。自然条件综合评分公式见式（3-13）。

$$A_1 = \alpha \times \mathrm{NRDLS} + \beta \times \mathrm{NTHI} + \gamma \times \mathrm{NWRI} + \eta \times \mathrm{NLCI} \tag{3-13}$$

式中，A_1 为自然条件指标综合评分值；α、β、γ、η 等各单指标标准化值的权重分别为 0.265、0.2625、0.22125 和 0.25125。自然条件指标综合评分标准化采用正向标准化方法，见式（3-14）。

$$S_1 = 100 \times \frac{A_1 - A_{1\_\min}}{A_{1\_\max} - A_{1\_\min}} \tag{3-14}$$

式中，S_1 为自然条件指标综合评分标准化值；A_1、$A_{1\_\max}$ 和 $A_{1\_\min}$ 分别为自然条件指标综合评分值及其最大值和最小值。

农业基础条件指标综合评分方法：无论是耕地利用面积还是土壤肥力对于农业生产都是正向的因素，因此在本书研究中对于农业基础条件的综合评分采用如下方法。

$$A_2 = 100 \times \frac{\mathrm{NSa}_{\mathrm{grid}} \times \mathrm{NS}_{\mathrm{fer}}}{10000} \tag{3-15}$$

式中，A_2 为农业基础条件指标综合评分值。农业基础条件指标综合评分标准化采用正向标准化方法，公式见式（3-16）。

$$S_2 = 100 \times \frac{A_2 - A_{2\_\min}}{A_{2\_\max} - A_{2\_\min}} \tag{3-16}$$

式中，S_2 为农业基础条件指标综合评分标准化值；A_2、$A_{2\_\max}$ 和 $A_{2\_\min}$ 分别为农业基础条件指标综合评分值及其最大值和最小值。

3.5　中国畜养产污综合区划的分区方法

中国畜养产污综合区划遵循发生统一性、区域共轭性、综合性和主导因素相结合、兼顾现有相关区划方案、区内相似性和区间差异性的原则，以自然条件和农业基础条件为主要基础进行一级区的划分。二级区的分区方法研究中，利用相关、逐步回归分析探索一级区内（典型区）多尺度各要素与畜养产污要素的指标代表性与影响因素，并以此为基础采用空间异质性分析，利用主要影响因素进行二级区划分方法的探索。

首先，进行一级分区划分，即采用区域区划的方法。指标分级为研究中定量指标的定性判定提供了解决办法，作为区划研究的参考，指标的级别划分不宜过多。优化等值图分级的方法能够清楚表达相关指标的空间分布规律，揭示指标的空间格局，但制图的破碎度较大。重心曲线方法能够提供各级别的特征，根据各级别重心的相邻性对相应级别适度合并，能够降低原始分级图的破碎程度。产污综合区划一级分区划分的研究中对分区参考指标（自然条件指标综合评分和农业基础条件指标综合评分）采用等值图分级、重心曲线及分级合并的方法（付强等, 2012），并与相关区划方案进行叠置分析以确定分区的最终方案。一级分区主要体现宏观尺度上自然条件与农业基础条件的地域分异，借助自然条件指标综合评分和农业基础条件综合指标分级，与中国自然区划、中国畜牧业综合区划、中国综合农业区划的分区和畜禽养殖污染减排核算分区进行叠置分析，确定中国畜养产污的一级分区。将分级合并后的各个等级分别与相关区划叠置分析，最终确定一级区的界线。

然后，进行二级分区划分，即类型区划的方法。一级分区从全国尺度上揭示了自然条件与农业基础条件的分异，除了这两个条件外，每个一级分区内的农业社会经济条件、农业种养情况也对该区的产污条件有影响。此部分研究基于现有统计数据和区划指标体系，从一级分区中选择典型区进行主导因素的探索性分析，进而基于主导因素进行进一步的类型区划。在进行典型区的影响因素分析之前，应分析该统计尺度下所选择的指标的代表性，为区划指标的进一步处理提供参考。具体研究阶段如下：

1）全国范围内分省尺度格数据指标代表性和影响因素探索性分析

在全国层面的研究中，采用分省尺度的农业社会经济条件、农业种养情况指标和借助相关指标计算得到的分省畜养产污情况指标，进行指标代表性分析（相关分析）和影响因素探索性分析（逐步回归分析），也为以格网为基础的分析提供参考。

2）典型区分县尺度格数据指标代表性和影响因素探索性分析

以东北区为典型区进行分县尺度的研究。受数据的统计指标和可获取性的限制，首先整理东北区内能够获取到较全的各类指标分县数据，然后结合污染源普查中的实际调查产污数据进行分县尺度的指标代表性分析（相关分析）和影响因素探索性分析（逐步回归分析）。

3）典型区格网化数据指标代表性和影响因素探索性分析

为分析典型区的主导因素，需要结合格网形式自然条件、农业基础条件指标和格数据形式的农业社会经济条件、农业种养情况和产污情况指标。此部分研究首先基于分省格数据，结合土地利用类型进行格网化，格网化的方法见 3.4 节的指标体系构建部分。然后，基于产污情况指标的空间系统抽样数据进行指标代表性、影响因素和分区的研究。此部分用到的统计方法有相关分析和回归分析。相关分析提供了从数量关系角度描述变量间相互依存关系的密切程度，研究变量之间相关的方向和程度，但不能指出变量间相互关系的具体形式，是研究随机变量之间相关关系的一种统计方法。回归分析能够探索研究对象的影响因素，但这些影响因素往往隐藏于现象背后的各种因素之中。多元回归分析则提供了在诸多影响因素之中寻找最直接影响因素的方法，是一个去伪存真、排除共线性的分析过程，逐步回归法是其中效率较高的方法之一。需要说明的是，相关分析和回归分析能够加深对于现象（畜养产污密度）及其影响因素之间关系的认识，但只是定量分析的一种统计手段。仅仅依靠这种分析无法判断现象的内在联系，无法确定因果关系，仅凭数据进行的相关和回归分析所得到的结果可能是一种“伪相关”或“伪回归”。因此，以实质性的科学理论为指导，并结合实际经验进行分析研究，才能正确判断事物的内在联系和因果关系（曾五一和肖红叶, 2007）。

4）基于影响因素的地理加权回归（GWR）分析的分区

此部分研究是以阶段二（畜养产污综合区划指标体系构建过程）、阶段三（典型区影响因素分析）的全局研究为基础，采用 LISA 方法分析畜养产污的空间分异情况，并借助地理加权回归方法对阶段二、阶段三中分析得到的主要影响因素进行局部的加权回归分析，最后借助 GWR 分析中主要影响因素的系数分布探索分区的方法。

需要强调的是，采用局部空间自相关方法分析分县格数据及格网化抽样数据的空间聚集特征，是为了初步了解相关指标的空间异质性。采用地理加权回归分析方法主要是为了得到主要影响因素对畜养产污影响的空间分异情况，以作为进一步分区的参考。LISA 和 GWR 是分区探索研究中采用的方法，涉及的理论及参数等细节问题在这里不过多展开。

第 4 章　中国畜养产污综合区划一级区划分

基于第 3 章的区划方案设计，本章进行中国畜养产污综合区划一级区划分，即区域区划的研究。

4.1　自然条件指标综合评分分级

自然条件指标综合评分空间分布格局的规律性较强，结合现有区划分区方案和畜养减排核算分区方案分析如下：

1）结合中国自然区划分区方案

高值区主要分布在东部季风区域的中南部；低值区主要分布于青藏高寒区域和西北干旱区域；中值区主要分布于东部季风区域的中北部，以及其他两区域中的部分地区。

2）结合中国畜牧业综合区划分区方案

高值区主要分布在东南区和西南山地区，以及黄淮海区南部；低值区主要分布在蒙新高原区和青藏高原区，以及黄土高原区大部；中值区主要分布在东北区和黄淮海区北部，以及蒙新、青藏、黄土高原区的局部。

3）结合中国综合农业区划分区方案

高值区主要分布于西南区、华南区和长江中下游区，以及黄淮海区南部；低值区主要分布于甘新区、青藏区，以及黄土高原区和内蒙古及长城沿线区局部；中值区主要分布于东北区、黄淮海区北部，以及黄土高原区和甘新区局部。

4）结合畜禽养殖污染减排分区方案

高值区主要分布在中国的东部和南部，包括华东区、中南区、西南区局部地区；低值区主要分布在中国的西部和北部，包括西北区和西南区大部、华北区局部；中值区主要分布于高值区与低值区之间的地区，包括中南区和华东区的北部、东北区和华北区大部、西南区和西北区局部。

总体上，自然条件指标综合评分的空间分布呈现明显的聚集分布特征，且与相关的分区方案有一定的对应关系。利用 ENVI 计算自然条件指标综合评分的全局空间自相关指数，得到 Moran’s I 值为 0.997、Z 值为 8839.51，Geary’s C 值为 0.003、Z 值为 8834.79，两个指数均表明自然条件指标综合评分的空间分布有明显的空间聚集特征。为进一步刻画其空间分布规律，利用等值图分级的方法对自然条件指标进行分析。

等值图分级方法是利用 ArcGIS 的等数量分级方法将自然条件指标分成 16 级，1 级到 16 级对应自然条件指标综合评分从低到高。分级图提供了自然条件指标综合评分分布的丰富信息，能够发现自然条件指标综合评分从低到高的变化过程中，分布的范围逐渐从西北部过渡到东南部。但是，分级图所表达的信息过于破碎且不利于读图，因而利用重心曲线方法对分级图进行优化。

根据分级图每个级别的点分布，利用 ArcGIS 空间分析方法计算出每个级别的重心并按照级别顺序连成重心曲线。每个级别的重心位置取决于该级别要素的空间分布情况，均匀分布的重心在该级别要素分布区域的几何中心，非均匀分布的重心会发生偏移。从一个级别重心向下一个级别重心的变化方向能够反映该要素两个级别的变化趋势。自然条件指标综合评分的重心曲线总体上体现了从西北到华北再到东南的变化过程，更详尽地展示了全国层面上自然条件指标综合评分的变化。借助空间分析工具计算出相邻级别的重心间距作为分级合并的依据，整理为表 4-1。结合重心曲线上的重心分布和相邻级别的重心间距，选择 3~4、8~9、9~10、10~11 和 11~12 作为分级合并的界线（表 4-1 中加粗及下划线表示），可将级别 1~3、4~8 和 12~16 进行合并。为简化分级，减少分级数目，依据级别 9~11 的重心间距，将 9~10 进行合并。最终，将自然条件指标综合评分等值图分级调整为 1~3、4~8、9~10、11 和 12~16 五个级别。

表 4-1　自然条件指标综合评分重心间距　　（单位：km）

相邻级别	重心间距	相邻级别	重心间距	相邻级别	重心间距	相邻级别	重心间距
1~2	115.4	5~6	64.8	**9~10**	**511.8**	13~14	169.2
2~3	220.7	6~7	162.6	**10~11**	**661.9**	14~15	224.3
3~4	**445.6**	7~8	239.6	**11~12**	**643.3**	15~16	136.1
4~5	324.2	**8~9**	**854.6**	12~13	348.6		

4.2　农业基础条件指标综合评分分级

农业基础条件指标综合评分的空间分布格局的规律性也很强，结合现有区划分区方案和畜禽养殖减排核算分区方案分析如下：

1）结合中国自然区划分区方案

高值区主要分布在东部季风区域，尤其是该区域内的中东部和北部地区，以及四川盆地；低值区主要分布于西北干旱区域和青藏高寒区域；中值区主要分布在东部季风区域，尤其是该区域内的南部和中西部地区。

2）结合中国畜牧业综合区划分区方案

高值区主要分布于东北区、黄淮海区，以及西南山地区中部（四川盆地）和东南区北部；低值区主要分布于蒙新高原区和青藏高原区；中值区主要分布于黄土高原区大部、东南区南部、西南山地区局部。

3）结合中国综合农业区划分区方案

高值区主要分布于东北区、黄淮海区和长江中下游区大部，以及西南区中部（四川盆地）；低值区主要分布于甘新区和青藏区；中值区主要分布于华南区和长江中下游区局部，以及西南区、黄土高原区和内蒙古及长城沿线区的局部。

4）结合畜禽养殖污染减排分区方案

高值区主要分布于东北区大部、华东区北部、西南区东部和中南区的中部和北部；低值区主要分布于华北区、西北区和西南区；中值区主要分布于华东区和中南区南部，西南区东南部，以及华北区南部。

总体上，农业基础条件指标综合评分的空间分布也呈现明显的聚集分布特征，且与相关的分区方案有一定的对应关系。利用 ENVI 计算农业基础条件指标综合评分的全局空间自相关指数，得到 Moran's I 值为 0.993、Z 值为 8790.24，Geary's C 值为 0.007、Z 值为 8785.24，两个指数均表明农业基础条件指标综合评分的空间分布有明显的聚集特征。为进一步刻画其空间分布规律，利用等值图分级的方法对农业基础条件指标进行分析。

等值图分级方法利用 ArcGIS 的等数量分级方法将农业基础条件指标分成 16 级，1 级到 16 级对应农业基础条件指标综合评分从低到高。分级图能够提供农业基础条件指标综合评分分布的丰富信息，从中可以看出农业基础条件指标综合评分从低到高的变化过程中，分布的范围逐渐从西部向东部过渡。与自然条件指标综合评分分级研究过程相似，为了使分级表达更清晰、更易读图，在后续研究中基于重心曲线方法对农业基础条件指标综合评分的分级进行调整。

根据分级图每个级别的点分布，利用 ArcGIS 空间分析方法计算出每个级别的重心并按照级别顺序连成重心曲线。每个级别的重心位置取决于该级别要素的空间分布情况，均匀分布的重心在该级别要素分布区域的几何中心，非均匀分布的重心会发生偏移。从一个级别重心向下一个级别重心的变化方向能够反映该要素两个级别的变化趋势。农业基础条件指标综合评分的重心曲线由青海起始，经历了甘肃、陕西，围绕河南西部和北部省界，历经山西与山东，最后穿越河南后到湖北北部。总体上体现了从西到东，并集中于东部地区的变化过程，更详尽地展示了全国层面上农业基础条件指标综合评分的变化。

借助空间分析工具计算出相邻级别的重心间距以作为分级合并的依据，整理为表 4-2。结合重心曲线上的重心分布和相邻级别的重心间距，选择 1~2、10~11 和 15~16 作为分级合并的界线，可将级别 2~10 和 11~15 进行合并。最终，将农业基础条件指标综合评分等值图分级调整为 1、2~10、11~15 和 16 四个级别。

表 4-2　农业基础条件指标综合评分重心间距　（单位：km）

相邻级别	重心间距	相邻级别	重心间距	相邻级别	重心间距	相邻级别	重心间距
1~2	1284.8	5~6	39.1	9~10	95.3	13~14	32.0
2~3	51.1	6~7	25.1	10~11	102.4	14~15	78.8
3~4	14.4	7~8	29.7	11~12	83.2	15~16	433.3
4~5	36.1	8~9	70.5	12~13	65.8		

4.3　中国畜养产污综合区划一级区划分

根据分级合并后的自然条件指标综合评分等值图与农业基础条件等值图的空间分布规律，经与中国综合农业区划、中国自然区划、中国畜牧业综合区划、畜禽养殖污染减排核算分区等初步叠置，发现中国综合农业区划的分区方案与两者体现的分异规律有较好的匹配关系。据此，首先以中国综合农业区划的分区方案为一级分区划分的原始参考，根据自然条件和农业基础条件综合评分等值图体现的区域特征进行区域的合并。然后，借助中国畜牧业综合区划分区方案调整上一步合并出的分区。最后，利用中国自然区划和畜禽养殖污染减排核算分区的方案分析调整后分区的合理性。

（1）以中国综合农业区划分区方案为基础的分区合并。因为一级分区主要体现大区域范围的区间差异性和区内相似性，所以在合并过程中针对两幅分级调整等值图的空间特征，选取相对均匀、变异性小的区域作为合并参照，如西部以农业基础条件为参照，南部以自然条件为参照，中部、东部和北部地区两者相结合。

（2）根据中国畜牧业综合区划分区方案对合并结果进行调整。对两幅分级调整等值图上变异性较大的区域（中部、东部和北部），即主要为综合农业区划中的黄淮海区、内蒙古及长城沿线区和东北区三个区。最终调整后的中国畜养产污区划一级区分为十个（以下简称一级分区）。参照相关区划的命名方式分别命名为东北区、黄淮海区、长江中下游区、华南区、西南区、黄土高原区、内蒙古及长城沿线区、北蒙黑区、甘新蒙区和青藏区。

甘新蒙区。本区位于祁连山—阿尔金山以北，包括内蒙古大部、新疆全部、甘肃和宁夏部分地区，境内有塔克拉玛干、古尔班通古特、腾格里等沙漠和阿尔泰山、天山山脉。年降水普遍小于 250mm，其中一半以上小于 100mm，气候干旱、地广人稀、少数民族聚居、以依靠灌溉的沃州农业和荒漠放牧业为主。本区在光、热、水和土资源配合上有较大缺陷，河套平原、河西走廊和伊犁地区是本区的粮食（以小麦为主）基地，南疆地区是重要的长绒棉基地。本区畜牧业尚停留在“靠天养畜”状态，季节牧场不平衡，东部草原主要为草甸草原、干旱草原、荒漠草原和荒漠。主要优良畜种有乌珠穆沁羊、阿勒泰脂臀羊、新疆细毛羊、滩羊、 三河牛、伊犁马、三河马、内蒙古大耳黑猪、边鸡及阿拉善双峰驼等。

北蒙黑区。本区位于我国最北部，包括内蒙古北部和黑龙江北部地区。内蒙古东北和黑龙江北部的大小兴安岭林区在本区内，其山体浑圆广阔，河谷宽浅，气候冷凉湿润，地广人稀。农产品资源以用材林、经济林和野生动植物资源为主。

青藏区。本区包括西藏自治区、青海大部、四川西部和甘肃部分地区，是我国重要的牧区和林区。本区内有巴颜喀拉山、昆仑山、冈底斯山和喜马拉雅山等大山脉，地势高，号称“世界屋脊”。高寒是本区的主要自然特点，大部分地区热量不足，只宜放牧；东南部海拔 4000m 以下的部分地区可种植耐寒喜凉作物；南部边缘河谷地带可种玉米、水稻等喜温作物。本区是我国西部边境高寒牧区，有天然草场约 1.3 亿公顷，东部和南部以草甸为主，为优质牧场。耕地面积 1086.75 万亩，仅占其土地面积的 0.34%。牦牛、藏羊、藏马和藏猪是本区主要畜种，小块农区也有黄牛、马、驴、猪和鸡。主要优良畜种有雅鲁藏布绵羊、环青海湖藏羊和河曲马等。本区冬春枯草期长，牲畜死亡率高，生产力低。

东北区。本区位于我国东北部边境地带，包括黑龙江大部、吉林全部、辽宁大部以及内蒙古小部分地区，土地、水和森林资源比较丰富，热量资源不够充足。本区平原广阔，土地肥沃，适宜发展种植业。草资源丰富，草质良好，饲料充足但利用率低。主要地方良种有延边牛、鄂伦春马、民猪、辽宁绒山羊、东北细毛羊等。

黄土高原区。本区位于太行山以西、青海日月山以东、伏牛山和秦岭以北、长城以南，包括山西、陕西大部，河南、宁夏、甘肃和青海部分地区。本区七成土地覆盖着深厚的黄土层，水土流失严重，形成塬、梁、峁和沟壑交错的地形。年降雨量大部分在 400~600mm，但变率大，春旱严重，夏雨集中。本区属农牧交错地带，作物以旱杂粮为主，产量不高不稳。草原植被稀疏，精粗饲料不足，畜牧业生产力较低。地方良种有秦川牛、关中驴、滩羊、中卫山羊、八眉猪等。

内蒙古及长城沿线区。本区位于东部平原向蒙古高原过渡和半湿润向半干旱过渡的地带，包括内蒙古中南和东部，陕西、山西、河北、辽宁的部分地区。该区雨量少而变率大，年降雨量从东向西减少，春旱较重，水热条件不足，但草原辽阔。该区北部为牧区，中部为半农半牧区，南部为农区。草原主要为草甸草原、干旱草原、荒漠草原和荒漠，良种牲畜发展肉牛、肉乳兼用牛、细毛半细毛羊、肉用羊、良种马等。农业主要种植各种旱杂粮、耐寒油料及甜菜。

黄淮海区。本区位于淮河以北、豫西山地以东的中原地带，包括北京、天津、河北、河南、安徽、江苏的部分地区以及山东全部。年降雨量在 500~800mm，春旱、夏涝常在年内交替出现。本区为北方农区，大部分地区为平原，耕地面积为各农区之首，是全国最大的小麦、棉花、花生、芝麻和烤烟的生产基地。畜牧饲料来源于“四边”草地、山坡、滩涂草场且资源丰富。地方良种有鲁西黄牛、南阳牛、德州驴、寒羊、青山羊、深州猪、北京鸭等。

西南区。本区位于秦岭以南，百色—新平—盈江一线以北、宜昌—溆浦一线以西，川西高原以东，包括甘肃、四川、陕西、河南、湖北、湖南、广西、云南的部分地区以及贵州、重庆全部。本区是重要的农林基地，地处亚热带，水热条件较好，但光照条件较差，以山地丘陵居多，因而农业生产地域类型复杂多样。种植业集中于成都平原及数千小块的河谷平原、山间盆地，是我国重要的粮食、油料、甘蔗、烟叶、茶叶、柑橘和蚕丝产区，也是用材林、经济林和畜产品基地，林特产品和药材在全国占有重要地位。本区畜牧业精料不足，粗料有余，地方良种有德宏水牛、成都麻羊、乌全猪、荣昌猪、金阳丝毛鸡等。

长江中下游区。本区位于淮河—伏牛山以南，福州—英德—梧州一线以北，鄂西山地—雪峰山一线以东，包括江苏、安徽、河南、湖北、湖南、广西、广东、福建的部分地区以及江西、浙江、上海的全部。本区属北亚热带和中亚热带，年降雨量 800~2000mm，人多地少、水热资源丰富。四分之一为平原，四分之三为丘陵山地，水网密布、湖泊众多，淡水水域面积约占全国一半。本区农林牧渔较发达，农业生产水平较高，是全国重要的稻谷、油菜籽、茶叶、桑蚕和淡水产品产地，柑橘、油桐、杉木、毛竹等在全国也占有重要地位。本区草地多为草山和草坡，产草量高，但草质较差。地方良种有滨湖水牛、金华猪、太湖猪、河田鸡、狮头鹅等。

华南区。本区位于福州—大埔—英德—百色—新平—盈江一线以南，包括福建、广东、广西、云南部分地区，海南岛和台湾。本区属亚热带和热带，高温多雨，水热资源为全国之冠，植物四季常青，生物资源丰富，是全国唯一适宜发展热带作物的地区。九成的面积为丘陵山地，宜农平原盆地有限，且人多地少。区内农业生产水平差别较大，复种指数三角洲地区高达 250%以上，滇南仅 134%，海南岛和雷州半岛只 168%。本区是甘蔗、香蕉、菠萝、荔枝、龙眼、柑橙等的主产区，橡胶的唯一产区，也是重要的水产品和蚕丝生产基地。

4.4　中国畜养产污综合区划一级区划分的合理性

定性比较。利用中国自然区划与畜禽养殖污染减排核算分区的方案对一级分区的结果进行合理性分析。比较一级分区与综合评分等值图的叠置和中国自然区划与综合评分等值图的叠置。对于自然条件，一级分区比自然区划东部季风区域的二级分区更好地刻画了 level2~level4 的分异，尤其是黄淮海、内蒙古与长城沿线区域；对于农业基础条件，一级分区对各级别分异的刻画均比自然区划更加精确，尤其是各级别的边界。

比较一级分区与综合评分等值图的叠置和中国畜禽养殖污染减排核算分区与综合评分等值图的叠置。对于自然条件，畜禽养殖污染减排核算分区中，只有中南区、华东区与东北区较为符合自然条件的分异，其余三区的分异较大，因而没有一级分区刻画得好；对于农业基础条件，畜禽养殖污染减排核算分区的各个区都没有很好符合农业基础条件的分异。

定量比较。分别对一级分区每个区域内自然条件和农业基础条件各级别栅格数进行统计，并计算出各级别栅格数占本区栅格总量的百分比和各级别一级分区栅格数占该级别总栅格数的百分比，如表 4-3 和表 4-4 所示。

表 4-3　各一级分区栅格级别百分比　　（单位：%）

一级分区	自然条件					农业基础条件			
	1	2	3	4	5	1	2	3	4
甘新蒙区	45.4	53.7	0.9	0.0	0.0	92.8	5.6	1.5	0.0
北蒙黑区	1.1	78.5	20.0	0.4	0.0	83.9	10.5	5.3	0.3
青藏区	58.0	31.2	6.5	1.6	2.7	97.2	2.5	0.3	0.0
东北区	0.0	37.8	61.8	0.3	0.0	27.9	37.0	33.0	2.1
黄土高原区	1.3	39.9	51.4	7.0	0.4	18.9	67.5	13.1	0.5
内蒙古及长城沿线区	5.3	77.8	16.8	0.0	0.0	32.1	59.6	8.3	0.0
黄淮海区	0.0	0.0	28.9	44.3	26.8	6.3	25.2	66.2	2.3
西南区	0.0	0.8	8.0	25.9	65.4	22.5	53.8	18.4	5.3
长江中下游区	0.0	0.0	0.0	3.2	96.7	22.9	41.1	23.9	12.1
华南区	0.0	0.0	0.1	1.8	98.1	33.7	50.8	13.7	1.9

表 4-4　各级别一级分区栅格数百分比　　（单位：%）

一级分区	自然条件					农业基础条件			
	1	2	3	4	5	1	2	3	4
甘新蒙区	45.6	42.6	1.9	0.0	0.0	39.3	6.1	3.4	0.1
北蒙黑区	0.2	9.9	6.9	0.3	0.0	5.7	1.8	1.9	0.6
青藏区	53.0	22.5	12.7	6.5	2.8	37.5	2.4	0.6	0.1
东北区	0.0	7.7	34.6	0.4	0.0	3.1	10.4	18.7	6.7
黄土高原区	0.2	5.3	18.7	5.2	0.1	1.3	12.2	4.8	1.0
内蒙古及长城沿线区	1.0	11.8	7.0	0.0	0.0	2.6	12.3	3.5	0.1
黄淮海区	0.0	0.0	11.0	34.2	5.2	0.5	4.8	25.5	4.9
西南区	0.0	0.3	7.1	46.4	29.7	3.8	23.5	16.3	25.8
长江中下游区	0.0	0.0	0.0	5.6	42.4	3.8	17.4	20.5	57.2
华南区	0.0	0.0	0.0	1.4	19.8	2.4	9.1	4.9	3.7

根据各一级分区栅格级别百分比，对各区的自然条件与农业基础条件分级特征总结如表 4-5 所示。各一级分区对于两类条件的各个分级都有主要级别，同时大都

有辅助级别。对一种条件相似的一级分区，它们的另一类条件的差异则较大，如甘新蒙区、北蒙黑区和青藏区的农业基础条件相似，而自然条件各不相同；长江中下游区和华南区的自然条件相似，而农业基础条件各不相同。从整体上看，一级分区对自然条件和农业基础条件进行了较好的划分，符合区内相似和区间差异的要求。

表 4-5　各一级分区自然条件、农业基础条件分级特征

一级分区	自然条件分级特征	农业基础条件分级特征
甘新蒙区	1、2 级为主	1 级为主
北蒙黑区	2 级为主，3 级为辅	1 级为主
青藏区	1 级为主，2 级为辅	1 级为主
东北区	3 级为主，2 级为辅	2、3 级为主，1 级为辅
黄土高原区	2、3 级为主	2 级为主，1、3 级为辅
内蒙古及长城沿线区	2 级为主，3 级为辅	2 级为主，1 级为辅
黄淮海区	4 级为主，3、5 级为辅	3 级为主，2 级为辅
西南区	5 级为主，4 级为辅	2 级为主，1、3 级为辅
长江中下游区	5 级为主	2 级为主，1、3 级为辅
华南区	5 级为主	2 级为主，1 级为辅

根据各级别一级分区栅格数百分比，对于自然条件：级别 1，主要分布于甘新蒙区和青藏区；级别 2，四成分布于甘新蒙区，两成分布于青藏区，北黑蒙区和内蒙古及长城沿线区各占一成；级别 3，三分之一分布在东北区，近两成分布于黄土高原区，青藏区与黄淮海区各占一成；级别 4，主要分布于西南区和黄淮海区；级别 5，四成分布于长江中下游区，三成在西南区，两成在华南区。对于农业基础条件：级别 1，主要分布于甘新蒙区和青藏区；级别 2，西南区与长江中下游区各占两成，东北区、黄土高原区、内蒙古及长城沿线区、华南区各占约一成；级别 3，四分之一分布于黄淮海区，东北区、长江中下游区、西南区各占约两成；级别 4，近六成分布于长江中下游区，四分之一在西南区。总之，各级别都有主要的分布区域，体现了一级分区对各级别区间差异的刻画。

综上所述，一级分区综合体现了自然条件、农业基础条件的分异，是较为合理的。

第二篇　中国畜养产污影响因素研究

第 5 章　基于格数据的影响因素探索性分析

因中国的地域辽阔，在按照自然和农业基础进行区域区划之后，各一级分区中仍存在社会经济和农业种养的分异。因此，本书选取东北区为典型区探索下一级类型区划主要参考指标，即进行影响因素的探索性分析。研究中进行了多尺度指标的对比分析，在本章进行格数据的影响因素探索性分析，包括全国范围内分省格数据探索性分析和东北区分县格数据探索性分析。基于格网化抽样数据的影响因素分析在后续章节进行介绍。

本章主要进行格数据的农业社会经济条件、农业种养情况和产污情况指标的代表性和影响因素探索性分析。为表述简便，本章统计图表中使用各指标的编码表示相应指标在统计尺度上的总量，主要有 B31 总人口、C311 乡村人口、C312 非乡村人口、B32 GDP、C321 农业产值、C322 非农业产值、B33 总用电量、C331 农村用电量、C332 非农村用电量、B41 畜养量、B42 粮食产量和 B51 畜养产污。

5.1　全国范围分省格数据的指标代表性

本节基于分省统计数据从全国层面分析指标的代表性。农业社会经济条件、农业种养情况二级指标和畜养产污对应的分省总量指标间的散点图和相关系数矩阵分别如图 5-1 与表 5-1 所示。

从相关分析结果来看，B51 畜养产污与总人口、总用电量、畜养量、粮食产量的 Pearson 相关性在 0.01 水平上显著相关，与 GDP 在 0.05 水平上显著相关，说明在全国层面分省尺度条件下，畜养产污与农业社会经济条件、农业种养情况的二级指标具备相关性。从相关系数的大小来看，其与畜养量和粮食产量的相关性最大，与总人口的相关性次之，与 GDP 和总用电量的相关性最小。

二级指标的相关性分析反映出畜养产污与农业社会经济条件的相关性比农业种养条件弱，且相关系数表现不一，总人口较高，其他两项较低。为进一步分析，对畜养产污及农业社会经济条件三级指标进行相关系数矩阵计算和散点图矩阵制图，分别如表 5-2 和图 5-2。从相关分析结果看，畜养产污与乡村人口、非乡村人口、农业产值、非农村用电量的 Pearson 相关性在 0.01 水平上显著相关，与非农业产值、农村用电量不相关。从相关系数的大小来看，其与农业产值的相关性最大，乡村人口次之，与非乡村人口和非农村用电量的相关性最小。

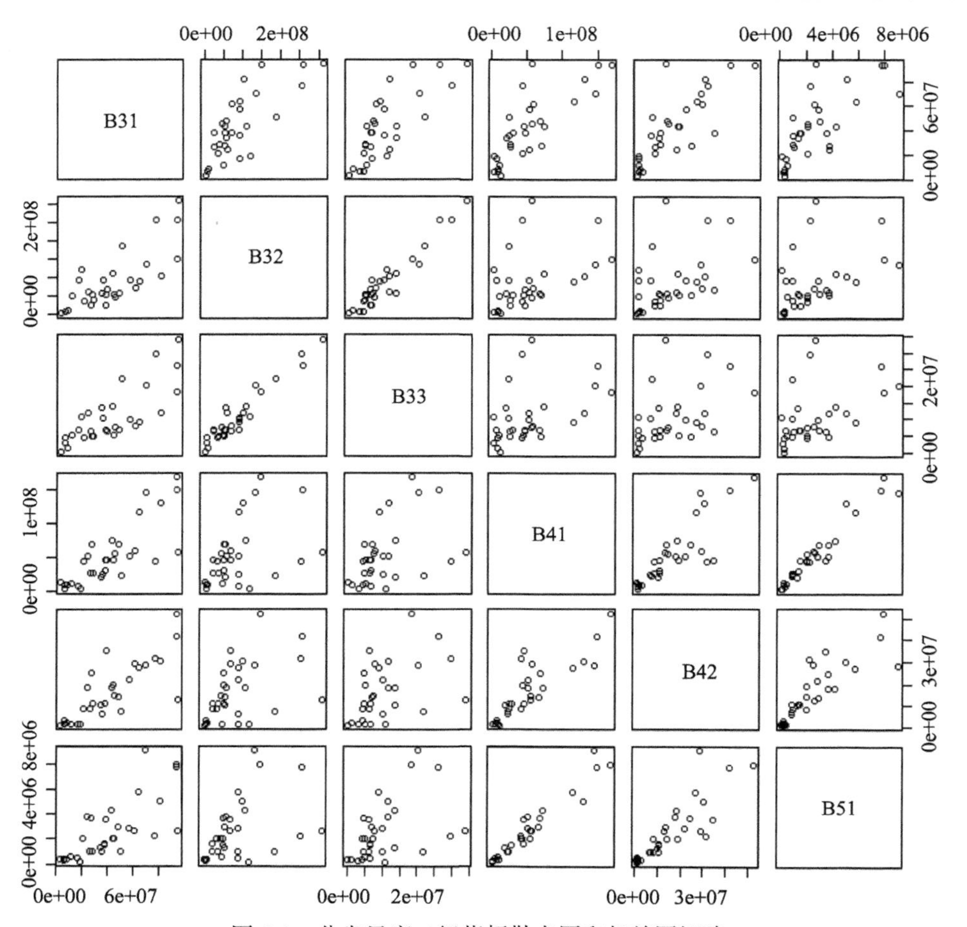

图 5-1　分省尺度二级指标散点图和相关图矩阵

表 5-1　分省尺度二级指标相关系数矩阵

	总人口	GDP	总用电量	畜养量	粮食产量	畜养产污
总人口	1	0.786**	0.785**	0.798**	0.795**	0.738**
GDP	0.786**	1	0.959**	0.437*	0.466**	0.441*
总用电量	0.785**	0.959**	1	0.452*	0.461**	0.469**
畜养量	0.798**	0.437*	0.452*	1	0.860**	0.968**
粮食产量	0.795**	0.466**	0.461**	0.860**	1	0.854**
畜养产污	0.738**	0.441*	0.469**	0.968**	0.854**	1

注：数值为 Pearson 相关系数值；**指在 0.01 水平上显著相关（双侧）；*指在 0.05 水平上显著相关（双侧）。

表 5-2　分省尺度农业社会经济条件三级指标相关系数矩阵

	乡村人口	非乡村人口	农业产值	非农业产值	农村用电量	非农村用电量	畜养产污
乡村人口	1	0.722**	0.909**	0.461*	0.385*	0.649**	0.782**
非乡村人口	0.722**	1	0.833**	0.912**	0.795**	0.905**	0.568**
农业产值	0.909**	0.833**	1	0.639**	0.528**	0.745**	0.850**
非农业产值	0.461*	0.912**	0.639**	1	0.904**	0.910**	0.343
农村用电量	0.385*	0.795**	0.528**	0.904**	1	0.801**	0.217
非农村用电量	0.649**	0.905**	0.745**	0.910**	0.801**	1	0.557**
畜养产污	0.782**	0.568**	0.850**	0.343	0.217	0.557**	1

注：数值为 Pearson 相关系数值；**指在 0.01 水平上显著相关（双侧）；*指在 0.05 水平上显著相关（双侧）。

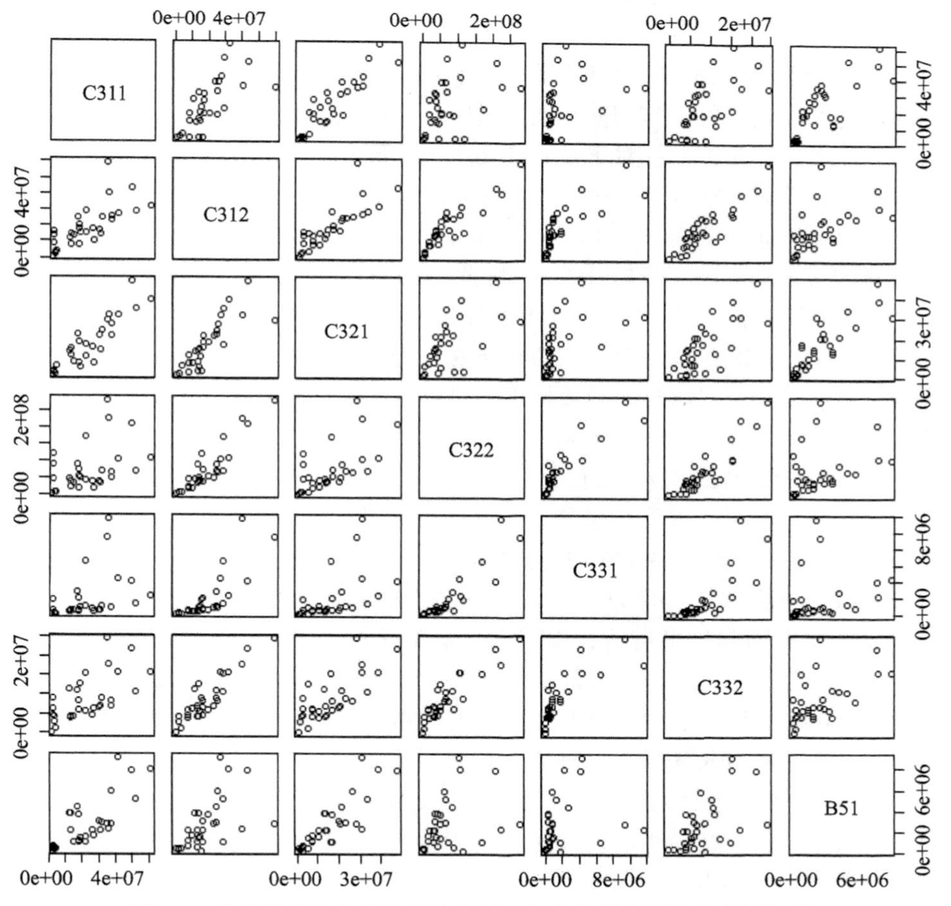

图 5-2　分省尺度农业社会经济条件三级指标散点图和相关图矩阵

因此，结合二级指标的分析结论，对于畜养产污与农业社会经济条件的相关性规律，可初步总结如下：在全国层面分省尺度条件下，畜养产污与人口指标的相关性最大，同时与乡村人口的相关性大于非乡村人口；经济指标中，畜养产污与农业产值的相关性较大，与非农业经济的相关性不显著；能源消耗指标中，畜养产污与非农村用电量相关，与农业能源消耗相关性不显著。

综上，在全国层面分省尺度，农业社会经济条件、农业种养情况区划指标体系中的二级指标在分析畜养产污时的代表性较好。但是，从二级指标的散点图和相关图矩阵上看，需要注意可能存在的共线性问题，如 GDP 与总用电量、畜养量与畜养产污。

5.2　全国分省尺度的畜养产污影响因素分析

在分析全国层面分省尺度的畜养产污影响因素时，采用农业社会经济条件和农业种养情况的二级指标进行回归分析。同时，为避免共线性产生的影响，回归分析的方法采用多元逐步回归。对于畜养产污来说，畜养量是最直接的影响因素。虽然在分省指标计算时，分别用不同折算系数和产污系数将不同畜种的养殖量折算为不同的标准化养殖量（畜养量）和等标污染指数（畜养产污），但是从原理上讲畜养量和畜养产污是基于同一数据计算的。因此，在进行回归分析时畜养量不参与计算，而是对畜养产污与总人口、GDP、总用电量和粮食产量进行多元线性逐步回归分析。

（1）借助 SPSS 的频率分布直方图方法检查因变量畜养产污的正态性，发现其不符合正态性分布，因而对原始数据进行对数变换。畜养产污对数变换后的因变量符合正态分布，可以进行回归分析。

（2）以畜养产污量为因变量，以总人口、GDP、总用电量和粮食产量为自变量进行逐步回归分析，得到结果分析如下：从模型汇总表中得到模型的相关系数 R 为 0.936，决定系数 R^2 为 0.876，校正的 R^2 为 0.872，模型的拟合度较高；从 Anova 方差分析表中得到 F 统计量为 204.867，显著性值为 0.000，拒绝模型整体不显著的假设，因此本次回归模型有统计学意义；从系数汇总表中得到回归系数常数项为 1.050，但不显著（显著性值为 0.268），自变量粮食产量标准系数为 0.936，显著（显著性值为 0.000）；回归的残差直方图呈正态分布。本次回归说明在全国层面分省尺度条件下，农业种养情况是主要的影响因素。

（3）以畜养产污为因变量，以总人口、GDP 和总用电量为自变量进行逐步回归分析，以分析农业社会经济条件对畜养产污的影响程度，得到结果分析如下：从模型汇总表中得到模型的相关系数 R 为 0.838，决定系数 R^2 为 0.703，校正的 R^2 为 0.682，模型的拟合度较高；从 Anova 方差分析表中得到 F 统计量为 33.112，显著性值为 0.000，拒绝模型整体不显著的假设，因此本次回归模型有统计学意义；从系数汇总表中得到回归系数常数项为−2.533，但不显著（显著性值为 0.284），自变量总人口标准系数为 1.195，显著（显著性值为 0.000），自变量 GDP 标准系数为 −0.448，显著（显著性值为 0.038）；回归的残差直方图呈正态分布。本次回归说明在全国层面分省尺度条件下，农业社会经济条件中的主要影响因素为人口指标和经济指标，其中人口指标为主要因素。

总之，通过本节的影响因素分析，作者认为在全国层面分省尺度条件下畜养产污的主要影响因素为农业种养情况，这与本书研究第 4 章分级图叠置分析研究中以体现全国层面农业种养情况的中国综合农业区划为基础的分区合并研究不谋而合，以定量分析的结论呼应并验证前文的分析。同时，农业社会经济条件中的主要影响因素为人口因素，与 Gerber 等发现亚洲地区畜禽养殖量与人口密度密切相关的结论一致（Gerber et al., 2005），也从定量角度呼应和验证了作者借用人居环境适宜性相关指数作为畜养产污综合区划分析的自然条件的合理性。

5.3　东北区分县格数据的指标代表性

本节研究基于分县统计数据并以东北区为例分析指标的代表性。由于分县统计数据较难收集，本部分研究中的分县养殖量、非农村用电量指标未收集全。本节研究中采用东北区内能够收集到较全指标的约 200 个县区，主要为 B31 总人口、C311 乡村人口、C312 非乡村人口、B32 GDP、C321 农业产值、C322 非农业产值、C331 农村用电量、B42 粮食产量和基于调查的污染源普查数据计算得到的 B51 畜养产污指标。其中，C331 农村用电量相对缺失较多，但作为本区能源消耗指标必须参与分析。

农业社会经济条件、农业种养情况二级指标和畜养产污对应的分县总量指标间的相关系数矩阵和散点图分别如表 5-3 与图 5-3 所示。从相关分析结果来看，B51 畜养产污与总人口、GDP、农村用电量和粮食产量的 Pearson 相关性在 0.01 水平上显著相关，说明在东北区分县尺度条件下，畜养产污与农业社会经济条件、农业种养情况的二级指标具备相关性。从相关系数的大小来看，与总人口和粮食产量的相关性最大，与 GDP 的相关性相对较小，与农村用电量相关性最小。

表 5-3　东北区分县尺度指标相关系数矩阵

	B31	B32	C331	B42	B51
B31	1	0.350**	0.273**	0.695**	0.527**
B32	0.350**	1	0.310**	0.041	0.308**
C331	0.273**	0.310**	1	0.109	0.201**
B42	0.695**	0.041	0.109	1	0.502**
B51	0.527**	0.308**	0.201**	0.502**	1

注：数值为 Pearson 相关系数值；**指在 0.01 水平上显著相关（双侧）。

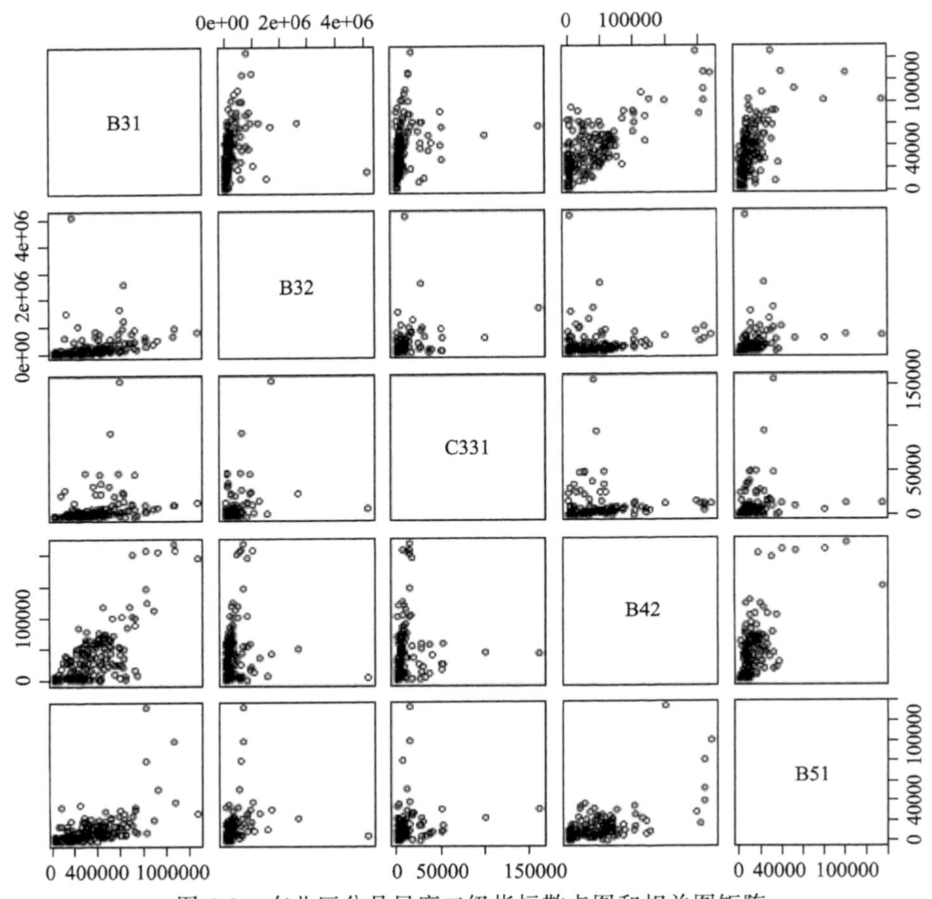

图 5-3　东北区分县尺度二级指标散点图和相关图矩阵

二级指标的相关性分析反映出，除去畜养量后的农业种养情况与畜养产污的相关性和农业社会经济条件的相关性相近，而在农业社会经济条件中，农村用电量的相关系数最低。为进一步分析，对畜养产污及农业社会经济条件三级指标进行相关系数矩阵计算和散点图矩阵制图，分别如表 5-4 和图 5-4 所示。从相关分析结果看，畜养产污与非乡村人口不相关，与其他指标在 0.01 水平上显著相关。从相关系数大小看，与乡村人口和农业产值的相关性相对较高，与农村用电量和非农业产值的相关性相对较低。

因此，结合二级指标的分析结论，对于畜养产污与农业社会经济条件的相关性规律，可初步总结如下：在东北区分县尺度条件下，畜养产污与人口指标的相关性最大，主要是与农村人口相关，而与非农村人口的相关性不显著；对于经济指标，农业经济（农业产值）的相关性与人口指标相近，而非农业经济的相关性较低，导致总体的经济指标低于人口指标；对于能源消耗指标，畜养产污与农村用电量相关。

表 5-4　东北区分县尺度农业社会经济条件三级指标相关系数矩阵

	C311	C312	C321	C322	C331	B51
C311	1	−0.099	0.825**	0.236**	0.342**	0.598**
C312	−0.099	1	−0.051	0.101	−0.053	−0.021
C321	0.825**	−0.051	1	0.355**	0.266**	0.573**
C322	0.236**	0.101	0.355**	1	0.256**	0.242**
C331	0.342**	−0.053	0.266**	0.256**	1	0.201**
B51	0.598**	−0.021	0.573**	0.242**	0.201**	1

注：数值为 Pearson 相关系数值；**指在 0.01 水平上显著相关（双侧）。

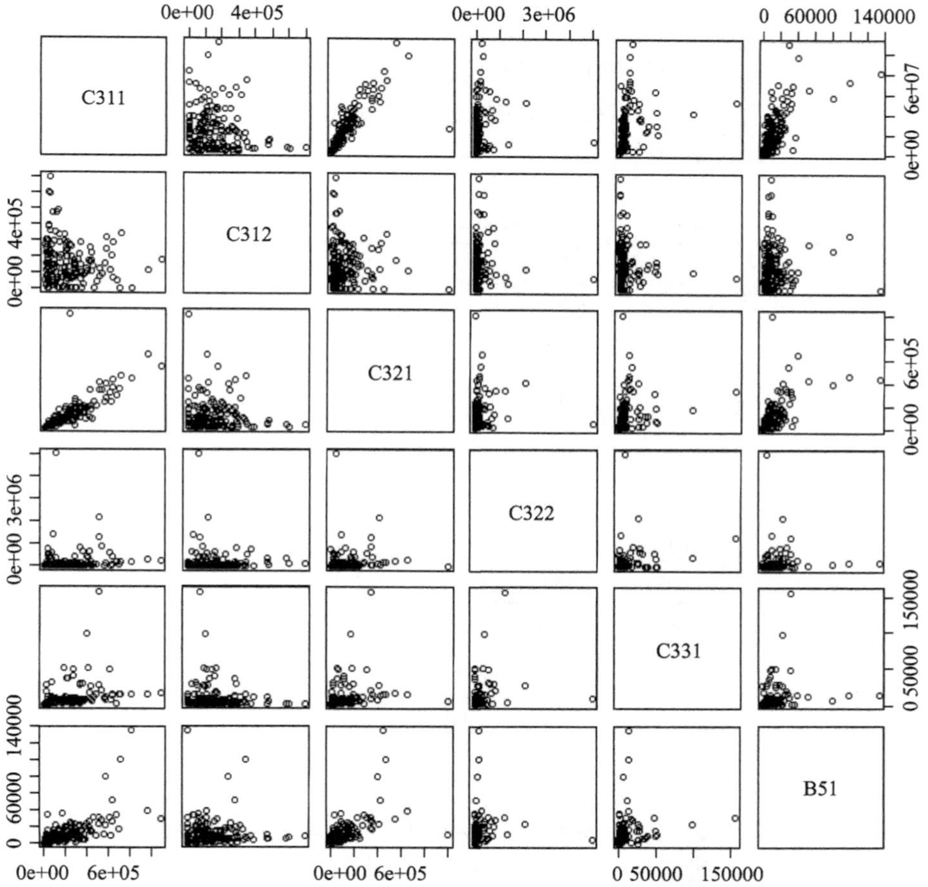

图 5-4　东北区分县尺度农业社会经济条件三级指标散点图矩阵

综上，在东北区分县尺度下，农业社会经济条件、农业种养情况区划指标体系中的二级指标在分析畜养产污时的代表性较好。但是，从其散点图和相关图矩阵上看，也需要注意可能存在的共线性问题。

为进一步分析指标的代表性，按照指标体系中提出的相应指标的土地利用面积，将分县总量指标转换为密度指标，代表其县域的平均状况进行代表性分析。数据较全的指标与其对应的土地利用面积的相关性为：乡村人口与其土地利用面积在0.01水平上显著相关，相关系数为0.855；非乡村人口与其土地利用面积在0.01水平上显著相关，相关系数为0.573；农业产值与其土地利用面积在0.01水平上显著相关，相关系数为0.281；非农业产值与其土地利用面积在0.01水平上显著相关，相关系数为0.453；粮食产量与其土地利用面积在0.01水平上显著相关，相关系数为0.739；畜养产污与其土地利用面积在0.05水平上显著相关，相关系数为0.149。表5-5列举了经密度转换后畜养产污密度与其他指标的相关系数矩阵，从该表也能够看出转换后的畜养产污密度与人口密度、经济密度、粮产密度等二级指标显著相关，与乡村人口密度、农业产值密度等三级指标在0.01水平上显著相关。以上这些指标间的显著相关说明，按照指标对应的土地利用面积得到的密度指标较好地展现了相应指标在统计区域内的平均状况。

表5-5　东北区分县尺度密度指标相关系数矩阵

	人口密度	乡村人口密度	非乡村人口密度	经济密度	农业产值密度	非农业产值密度	粮产密度	畜养产污密度
人口密度	1	0.272**	0.028	0.082	0.218**	−0.025	0.178*	0.257**
乡村人口密度	0.272**	1	−0.009	0.159*	0.281**	−0.010	0.385**	0.486**
非乡村人口密度	0.028	−0.009	1	−0.029	−0.006	0.835**	0.007	−0.014
经济密度	0.082	0.159*	−0.029	1	0.252**	0.261**	0.141*	0.142*
农业产值密度	0.218**	0.281**	−0.006	0.252**	1	0.003	0.954**	0.589**
非农业产值密度	−0.025	−0.010	0.835**	0.261**	0.003	1	−0.015	−0.026
粮产密度	0.178*	0.385**	0.007	0.141*	0.954**	−0.015	1	0.651**
畜养产污密度	0.257**	0.486**	−0.014	0.142*	0.589**	−0.026	0.651**	1

注：数值为Pearson相关系数值；**和 *分别指在0.01和0.05水平上显著相关（双侧）。

5.4　东北区分县尺度的畜养产污影响因素分析

在分析东北区分县尺度的畜养产污影响因素时，采用农业社会经济条件和农业种养情况的二级指标进行回归分析，其中总用电量指标以农村用电量替代。同时，为避免共线性产生的影响，回归分析的方法采用多元逐步回归。本部分的研究从总量和密度两个角度进行回归分析。

1）总量角度

借助SPSS的频率分布直方图方法检查因变量畜养产污的正态性，发现其不符合正态性分布，因而对原始数据进行对数变换。经对数变换后的因变量符合正态分布，可以进行回归分析。

以畜养产污为因变量，以总人口、GDP、农村用电量和粮食产量为自变量进行逐步回归分析，得到结果分析如下：从模型汇总表中得到模型的相关系数 R 为 0.733，决定系数 R^2 为 0.537，校正的 R^2 为 0.532，模型的拟合度较好；从 Anova 方差分析表中得到 F 统计量为 98.626，显著性值为 0.000，拒绝模型整体不显著的假设，因此本次回归模型有统计学意义；从系数汇总表中得到回归系数常数项为 1.964，显著（显著性值为 0.000），自变量粮食产量标准系数为 0.528，显著（显著性值为 0.000），自变量 GDP 标准系数为 0.319，显著（显著性值为 0.000）；回归的残差直方图呈正态分布。本次回归说明在东北区分县尺度条件下，粮食产量和 GDP 是主要的影响因素。

以畜养产污为因变量，以乡村人口、非乡村人口、农业产值、非农业产值和农村用电量为自变量进行逐步回归分析，分析农业社会经济条件对畜养产污的影响程度，得到结果分析如下：从模型汇总表中得到模型的相关系数 R 为 0.705，决定系数 R^2 为 0.496，校正的 R^2 为 0.493，模型的拟合度较好；从 Anova 方差分析表中得到 F 统计量为 148.898，显著性值为 0.000，拒绝模型整体不显著的假设，因此本次回归模型有统计学意义；从系数汇总表中得到回归系数常数项为 2.398，显著（显著性值为 0.000），自变量农业产值标准系数为 0.705，显著（显著性值为 0.000）；回归的残差直方图呈正态分布。本次回归说明在东北区分县尺度条件下，农业社会经济条件中的主要影响因素是农业经济因素。

2）密度角度

采用相似的方法对畜养产污密度及其他密度指标进行对数转换，以进行密度指标的逐步回归分析。各指标密度由总量与对应的土地利用计算面积的比值得到。经对数变换后的因变量符合正态分布，可以进行回归分析。

以畜养产污密度为因变量，以人口密度、经济密度、农村用电密度和粮产密度为自变量进行逐步回归分析，得到结果分析如下：从模型汇总表中得到模型的相关系数 R 为 0.758，决定系数 R^2 为 0.575，校正的 R^2 为 0.567，模型的拟合度较好；从 Anova 方差分析表中得到 F 统计量为 76.178，显著性值为 0.000，拒绝模型整体不显著的假设，因此本次回归模型有统计学意义；从系数汇总表中得到回归系数常数项为−4.306，显著（显著性值为 0.000），自变量经济密度标准系数为 0.762，显著（显著性值为 0.000），自变量粮产密度标准系数为 0.164，显著（显著性值为 0.002），自变量农村用电密度标准系数为−0.160，显著（显著性值为 0.005）；回归的残差直方图呈正态分布。本次回归说明在东北区分县尺度条件下，经济密度和粮产密度是主要的影响因素，农村用电密度次之。

以畜养产污密度为因变量，以乡村人口密度、非乡村人口密度、农业产值密度、非农业产值密度和农村用电密度为自变量进行逐步回归分析，分析农业社会经济条件对畜养产污的影响程度，得到结果分析如下：从模型汇总表中得到模型的相关系数 R 为 0.813，决定系数 R^2 为 0.661，校正的 R^2 为 0.656，模型的拟合度较好；从 Anova 方差分析表中得到 F 统计量为 135.237，显著性值为 0.000，拒绝模型整体不显著的假设，因此本次回归模型有统计学意义；从系数汇总表中得到回归系数常数项为−2.045，显著（显著性值为 0.000），自变量农业产值密度标准系数为 0.840，显著（显著性值为 0.000），自变量非农业产值密度标准系数为−0.125，显著（显著性值为 0.016）；回归的残差直方图呈正态分布。本次回归说明在东北区分县尺度条件下，农业社会经济条件中的主要影响因素是经济因素，且主要为农业经济因素。

总之，在东北区分县尺度条件下，对总量和密度指标进行逐步回归分析得到的影响因素结果较为一致。通过本节的影响因素分析，作者认为东北区分县尺度条件下畜养产污的主要影响因素为粮食产量和农业经济条件，符合东北区作为传统农业区的特点；本区人口的分布特点为地广人稀，因此经过一级区的划分，人口因素不再是畜养产污的影响因素；本区以传统种植业为主，是我国的重要产粮基地，粮食的生产也为畜禽养殖提供了重要的饲料来源，因此粮食产量是畜养产污的影响因素；畜禽养殖是改善人民生活条件的一项重要农业生产活动，在本区农业经济条件较好的区域畜养业发展也较好，因此农业经济条件是畜养产污的影响因素。综合以上分析，作者认为本部分的分析结论不仅反映了研究区的实际状况，也从定量角度验证了本区作为畜养产污一级分区划分的合理性。

第 6 章　基于格网化数据的影响因素分析

自然与农业基础的空间变异在全国层面已经作为一级分区的主要参考，本章在这两个指标的基础上加入农业种养情况、农业社会经济条件和产污情况指标，采用多种统计和分析方法探索东北区的影响因素。根据土地利用面积进行格网化后的数据能够表达更加精细的区划指标空间变异，本章基于东北区各二级指标的格网化数据，研究在格网尺度条件下影响因素的分析方法，探索类型区划可参考的规律，同时与第 5 章基于格数据影响因素的分析对照。

6.1　空间抽样准备

抽样能够以少量样本代表总体，尤其在调查研究中抽样能够减少调查费用，提高调查速度。经典的抽样方法有简单随机抽样、系统抽样、分层抽样等，简单随机抽样不考虑空间关联，而系统和分层抽样在抽样框方面有所改进。经典抽样方法在许多领域的调查研究中得到了广泛的应用，但是空间对象的空间自相关性也导致以传统抽样方法调查空间分布对象的效率较低。因此，能够适应空间相关性调查对象的高效率的抽样方法和理论得到了学者的广泛关注，如空间简单随机抽样、空间系统抽样和空间分层抽样等。空间简单随机抽样和空间系统抽样方法克服了传统抽样方法在处理地理相关对象时遇到的问题（王劲峰等, 2009）。鉴于本书研究中涉及抽样的指标较多，同时考虑到一级分区方案对全国已经进行了分层处理，因此为反映各个指标的空间分布及变异规律，方便布样和处理，本书研究中采用空间系统抽样方法，本节主要案例数据采用的基于分省数据格网化畜养产污指标、基于分县数据格网化畜养产污指标的空间系统抽样方法与之类似，将在本节第三部分展示关键步骤，其他环节不予赘述。

首先，以 10km 为间距进行东北区的正方形规则抽样，得到初始的空间系统抽样（6384 个样点）。

然后，进行半方差函数分析。半方差函数描述了区域化变量在抽样间隔下样本方差的数学期望，可用于描述区域化变量的结构性和随机性，是地统计学的核心理论与方法之一，相关的基本原理与方法在众多文献中有详细的介绍（王军等, 2000）。估计半方差函数的公式见式（6-1）。

$$r(h)=\frac{1}{2N(h)}\sum_{i=1}^{N(h)}\left[Z(x_i)-Z(x_i+h)\right]^2 \tag{6-1}$$

式中，$r(h)$为半方差函数；h为样点间距，即步长；$N(h)$为间隔为h的所有的观测点对数目；$Z(x_i)$为样点Z在位置x_i上的值；$Z(x_i+h)$是与x_i距离h的样点的值。需要注意半方差函数在最大间隔的1/2内才有意义（Rossi et al., 1992）。

一系列的理论模型常用来进行半方差函数的拟合，主要有球状模型（spherical model）、指数模型（exponential model）和高斯模型（Gaussian model）等。拟合中的关键参数主要有C_0块金值（nugget）、$C+C_0$基台值（sill）和A_0变程（correlation length）。C_0是样点间距为0时的$r(h)$值，为样点间距小于采样间距时的测量误差或空间变异，即因实验误差或小于采样尺度引起的空间变异；$C+C_0$为总的变异，研究中常用$C_0/(C+C_0)$表征空间的变异特征，即随机因素引起的空间异质性占总变异的比例，值越大说明空间变异多由随机因素造成，否则空间变异由特定的地理过程或多个过程综合（即地理要素的空间自相关性）引起，当该值为1时说明整个尺度上有恒定变异。因此，$C_0/(C+C_0)$也可辅助判定区域化变量的空间自相关程度，弱空间自相关时该值>75%，强空间自相关时该值<25%，其余为中等空间自相关。

为了保证在反映区域变异特征的同时简化采样，以减少计算量，本书研究借助GS+软件对研究区初始的空间系统抽样进行半方差函数分析。由东北区初始空间系统抽样的6384个点得到的半方差函数如图6-1所示。拟合函数采用高斯模型，块金值/基台值为5.1%，说明畜养产污密度有强空间自相关，仅有少量变异是随机因素引起的，且在1/2变程范围（410 km）内该函数有意义。

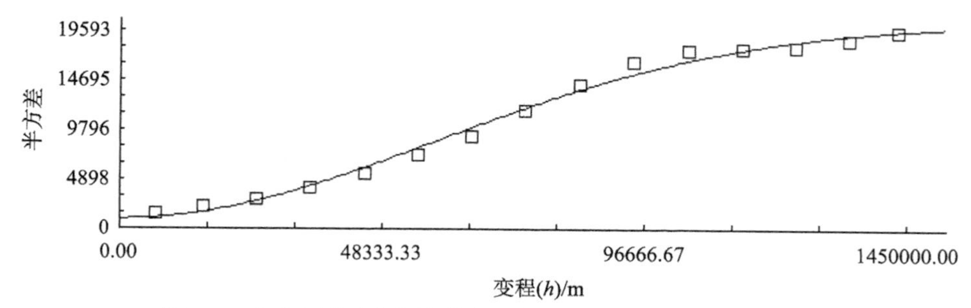

图6-1　东北区分省格网化指标空间系统抽样半方差函数拟合

高斯模型（C_0=1050.00000; C_0+C=20450.00000; A_0=821000.00; r_2=0.991; RSS=5362801）

6.2　东北区格网化数据的空间系统抽样

基于半变异函数的这种特征，本书研究中取变程的 1/16 作为优化的抽样间隔，取整近似为 50km，形成新的空间系统抽样方案（256 个样点）。借助 *R* 的相关统计工具得到东北区初始系统抽样和修订的空间系统抽样的样点的箱线图，如图 6-2 和图 6-3 所示，从基本的统计特征上看两次抽样是一致的。

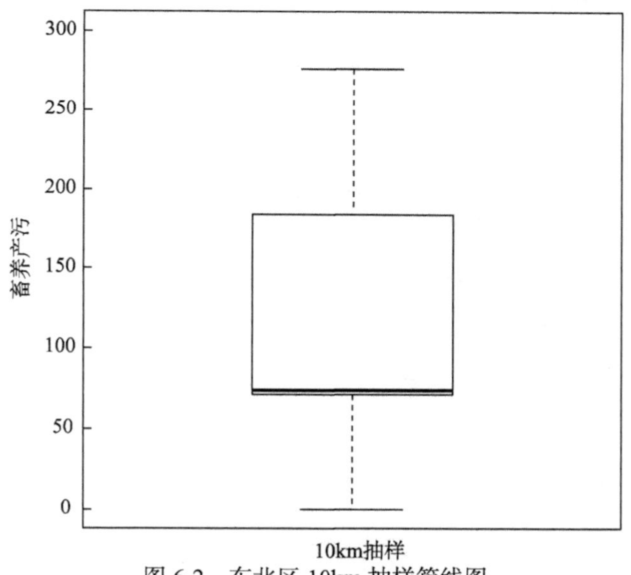

图 6-2　东北区 10km 抽样箱线图

探索性空间数据分析（ESDA）方法能够通过多种方法探测空间数据的分布、异常值、趋势、空间自相关性等特征，因此可借助探索性空间数据分析工具进行畜养产污密度采样数据的规律分析。本部分的 ESDA 分析主要借助 ArcGIS 的地统计分析工具检查数据的异常值。在进行分析之前，将畜养产污密度数值为 0 的数据剔除，以避免建模时的伪回归问题。同时，利用半变异函数/协方差云图，探测各指标样点的异常值并剔除。最终，经过修正的采样数据保留 239 个样点。

分县数据格网化指标的空间系统抽样方法与前两小节类似，基于 6384 个空间系统抽样点对畜养产污指标进行半方差函数分析，半方差曲线如图 6-4 所示。拟合函数采用指数模型，块金值/基台值为 7.1%，说明畜养产污密度有强空间自相关，仅有少量变异是随机因素产生的。同时，在 1/2 变程范围（19km）内该函数有意义。基于半方差函数揭示的变异规律，本书研究中取变程的 1/4，即 10km 作为抽样间隔

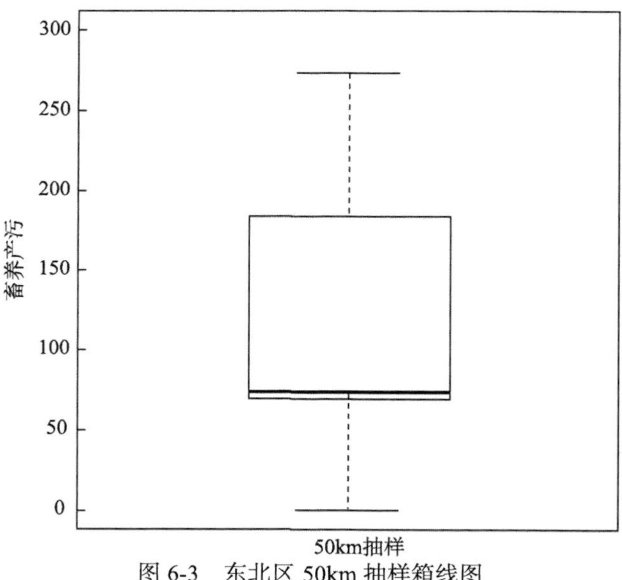

图 6-3　东北区 50km 抽样箱线图

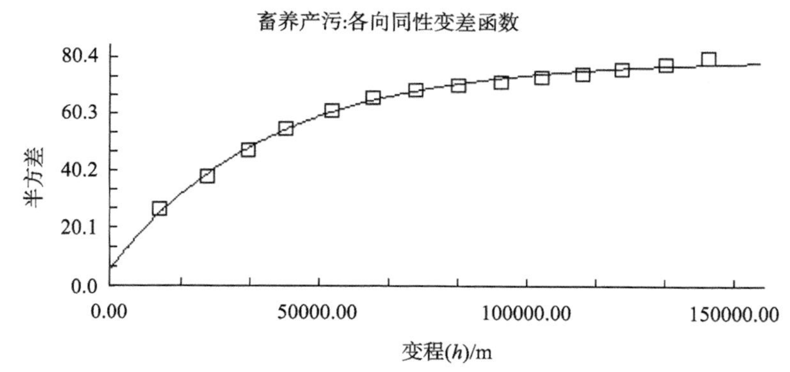

图 6-4　东北区分县格网化指标空间系统抽样半方差函数拟合

指数模型（C_0=5.70000; C_0+C=79.83000; A_0=39200.00; r_2=0.996; RSS=15.1）

是合适的。结合分县格网化的其他指标的具体情况，剔除畜养产污密度为 0 的数据，同时利用探索性空间数据分析工具探测各指标的异常值，经过修正后的抽样方案包括约 5480 个样点。

6.3　东北区分省格网化指标的代表性分析

本节基于东北区分省格网化数据的空间系统抽样进行畜养产污密度的影响因素分析，主要为指标的代表性分析和影响因素分析。在进行相关和回归分析时将定性与定量手段相结合，在定性分析的基础上进行定量分析，即基于对畜养产污的认识和本书研究提出的区划指标体系指导相关和回归的结果分析。

利用 ArcGIS 的空间分析工具将标准化的地形起伏度 NB11、温湿指数 NB12、水文指数 NB13、地被指数 NB14、耕地利用面积 NB21、土壤肥力综合质量 NB22、人口密度 NB31、经济密度 NB32、电耗强度 NB33、畜养密度 NB41、粮产密度 NB42 和畜养产污密度 NB51 共 12 个指标对应的样点值抽取出来。产污情况与自然条件、农业基础条件、农业社会经济条件和农业种养情况二级指标之间的散点图和相关系数矩阵分别如图 6-5 和表 6-1 所示。

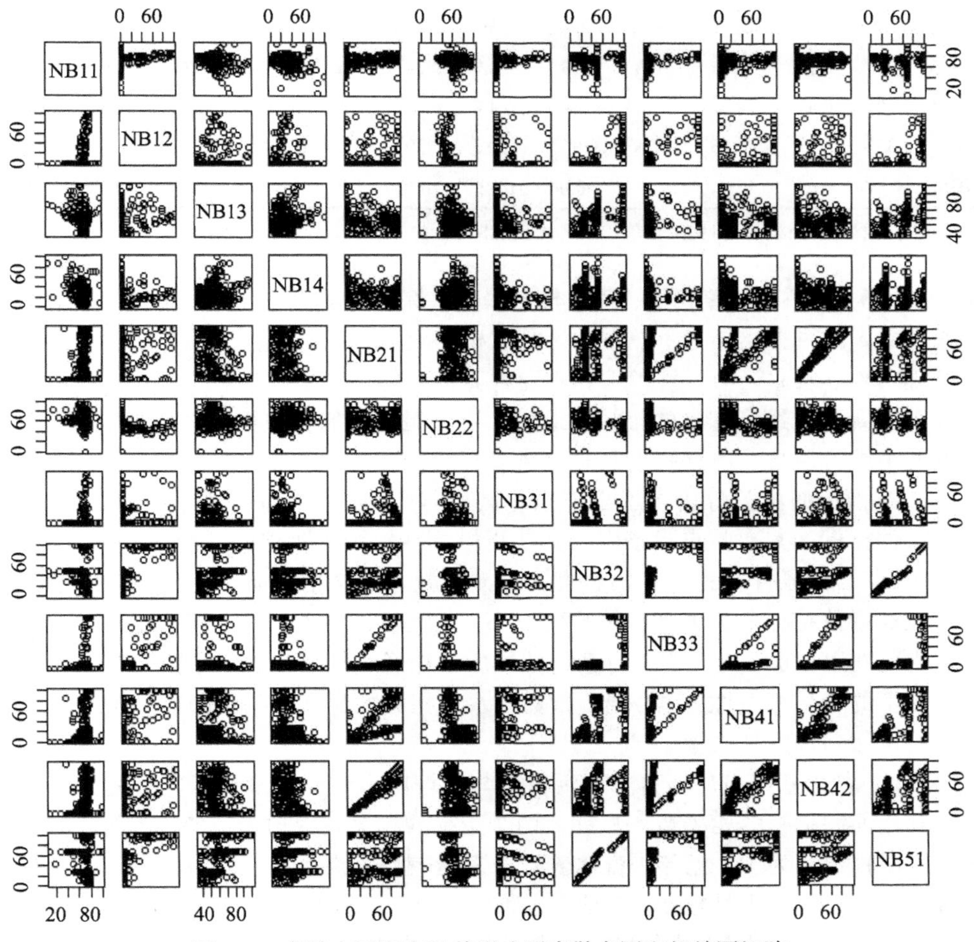

图 6-5　畜养产污密度及其影响因素散点图和相关图矩阵

从相关分析的结果来看，NB51 畜养产污密度与 NB12 温湿指数、NB13 水文指数、NB22 土壤肥力综合质量、NB32 经济密度、NB33 电耗强度和 NB41 畜养密度

表 6-1　畜养产污密度及其影响因素相关系数矩阵

	NB11	NB12	NB13	NB14	NB21	NB22	NB31	NB32	NB33	NB41	NB42	NB51
NB11	1	0.26**	−0.32**	−0.31**	0.38**	−0.13*	0.17**	0.01	0.28**	0.29**	0.35**	−0.08
NB12	0.26**	1	0.17*	−0.10	0.10	−0.45**	0.12	0.75**	0.76**	0.47**	0.16*	0.65**
NB13	−0.32**	0.17*	1	0.14*	−0.32**	−0.08	−0.10	0.50**	0.08	−0.07	−0.25**	0.52**
NB14	−0.31**	−0.10	0.14*	1	−0.33**	0.20**	−0.24**	0.00	−0.21**	−0.37**	−0.38**	0.01
NB21	0.38**	0.10	−0.32**	−0.33**	1	−0.04	0.28**	−0.02	0.38**	0.64**	0.96**	−0.04
NB22	−0.13*	−0.45**	−0.08	0.20**	−0.04	1	−0.14*	−0.50**	−0.35**	−0.45**	−0.17*	−0.53**
NB31	0.17**	0.12	−0.10	−0.24**	0.28**	−0.14*	1	−0.00	0.29**	0.39**	0.30**	−0.01
NB32	0.01	0.75**	0.50**	0.00	−0.02	−0.50**	−0.00	1	0.62**	0.44**	0.10	0.97**
NB33	0.28**	0.76**	0.08	−0.21**	0.38**	−0.35**	0.29**	0.62**	1	0.71**	0.45**	0.54**
NB41	0.29**	0.47**	−0.07	−0.37**	0.64**	−0.45**	0.39**	0.44**	0.71**	1	0.79**	0.47**
NB42	0.35**	0.16*	−0.25**	−0.38**	0.96**	−0.17*	0.30**	0.10	0.45**	0.79**	1	0.12
NB51	−0.08	0.65**	0.52**	0.01	−0.04	−0.53**	−0.01	0.97**	0.54**	0.47**	0.12	1

注：数值为 Pearson 相关系数值；**和*分别指在 0.01 和 0.05 水平上显著相关（双侧）。

指标在 0.01 水平上显著相关，其中与土壤肥力综合质量为负相关，其中与其余指标为正相关，故可得出结论：在东北区分省格网化条件下，畜养产污与自然条件、农业基础条件、农业社会经济条件和农业种养情况的二级指标具备相关性。从相关系数大小来看，与经济密度的相关性最大，与温湿指数的相关性次之，与水文指数、土壤肥力综合质量、电耗强度和畜养密度指标的相关性相近且低于前两个指标。

二级指标的相关分析揭示出与东北区畜养产污密度相关性最大的为农业社会经济条件指标，其次为自然条件，其他指标体系的相关性相近，具体分析如下：

（1）自然条件。畜养产污密度与温湿指数、水文指数显著正相关，地形起伏度与地被指数指标不显著且相关系数较小。东北区是传统的农业区，地形以平原为主，因此在以 50km 为间距进行系统抽样后的地形起伏度和地被指数的变异与畜养产污密度的变异相关性不强。温湿指数与水文指数的显著相关也印证了东北区具有适宜的自然条件发展农业。

（2）农业基础条件。畜养产污密度与土壤肥力综合质量指标显著相关，而与耕地利用面积指标的相关性不显著，两个指标的相关系数均为负值。作为农业区，东北区以种植业为主，近年来畜禽养殖业发展较快。耕地利用面积越大，土壤肥力综合质量越高越利于种植业，农业多以种植业为主，因此，对于畜养产污来说，以上两个指标越高畜禽养殖业在地区农业中所占的比重相对越低，其相关系数为负值。

（3）农业社会经济条件。畜养产污密度与经济密度、电耗强度指标显著相关，且与经济密度的相关系数较高，与人口密度的相关性不显著。经济密度指标的相关系数较高，说明经济的发展对畜禽养殖业有较大的影响。电耗强度指标体现地区的能耗，能源消耗多的地区各产业所分配的具体消耗数量也较多。东北地区地广人稀，且本书研究在人口离散化处理时依据的是相关面积指标所占各省区的比例，这两点可能是导致人口密度指标与畜养产污密度指标的相关性不显著的原因。

（4）农业种养情况。畜养产污密度与畜养密度指标显著相关，与粮产密度不相关。畜禽养殖密度大的地区畜养产污较多，种植业虽然为养殖业提供了饲料源，但种植业集中的区域与养殖业集中的区域在本书研究的空间尺度（1km）上不重叠，这可能是畜养产污密度与粮产密度不相关的原因。

总之，在东北区分省格网尺度条件下，分省格网化指标的代表性较好。虽然按照土地利用类型格网化后，畜养产污密度与其他指标体系的二级指标的相关性有一定的变化，但总体上保持了与自然条件、农业基础条件、农业社会经济条件和农业种养情况等指标体系的相关性，不会影响到影响因素分析时对明确影响区域的主导指标体系的分析。但是在散点图和相关图矩阵中，能够看出这些指标之间也存在着较强的相关性，在回归分析时需要考虑共线性的影响。

6.4　东北区分省格网化数据的影响因素分析

本部分的分析目标为研究经过分省格网化后因变量与自变量之间的影响程度，不做定量预测，因此不再讨论畜养产污密度抽样指标的正态性问题。为避免共线性产生的影响，回归分析的方法采用多元逐步回归方法。

以畜养产污密度为因变量，以温湿指数、水文指数、土壤肥力综合质量、经济密度、电耗强度和畜养密度指标为自变量进行逐步回归分析，得到的分析结果如下：从模型汇总表中得到模型的相关系数 R 为 0.982，决定系数 R^2 为 0.964，校正的 R^2 为 0.963，模型的拟合度较高；从 Anova 方差分析表中得到 F 统计量为 1023.588，显著性值为 0.000，拒绝模型整体不显著的假设，因此本次回归模型有统计学意义；从系数汇总表中得到回归系数常数项为−0.749，但不显著（显著性值为 0.920），自变量标准系数及显著性见表 6-2；回归的残差直方图呈正态分布。本次回归说明东

表 6-2　自变量标准系数及显著性

自变量	标准系数	显著性
NB12 温湿指数	−0.101	0.000
NB13 水文指数	0.044	0.008
NB22 土壤肥力综合质量	−0.034	0.033
NB32 经济密度	1.029	0.000
NB33 电耗强度	−0.153	0.000
NB41 畜养密度	0.159	0.000

北区分省格网化条件下，农业社会经济条件是主要的影响因素（主要为经济密度），其次为农业种养情况、自然条件，最后是农业基础条件。

总之，基于东北区分省格网化指标的相关和回归分析研究所得到的结论与东北区分县尺度条件下格数据的分析结论较为一致，即影响畜养产污的主要因素为以经济密度为主的农业社会经济条件；经过一级区的划分，人口因素不再是本区畜养产污的影响因素。同时，其他指标体系对畜养产污也有一定的影响，只是影响程度有所不同。

6.5　东北区分县格网化指标的代表性分析

本节基于东北区分县格网化数据的空间系统抽样进行畜养产污密度的影响因素分析，主要为指标的代表性分析和影响因素分析。分省格网化指标提供了与分县格数据较为一致的分析结论，而基于有限调研数据的分县格网化指标的分析情况则是本节研究的主要内容。

利用 ArcGIS 的空间分析工具将标准化的地形起伏度 NB11、温湿指数 NB12、水文指数 NB13、地被指数 NB14、耕地利用面积 NB21、土壤肥力综合质量 NB22、人口密度 NB31、经济密度 NB32、农村用电量 NC331、粮产密度 NB42 和畜养产污密度 NB51 指标对应的样点值抽取出来。畜养产污情况与自然条件、农业基础条件、农业社会经济条件和农业种养情况各个指标之间的相关系数矩阵和散点图分别如表 6-3 和图 6-6 所示。

表 6-3　畜养产污密度及其影响因素相关系数矩阵

	NB11	NB12	NB13	NB14	NB21	NB22	NB31	NB32	NC331	NB42	NB51
NB11	1	0.256**	–0.289**	–0.331**	0.433**	–0.091**	0.094**	0.029*	0.133**	0.137**	0.214**
NB12	0.256**	1	0.199**	–0.123**	0.076**	–0.422**	–0.037**	–0.138**	–0.097**	–0.102**	0.365**
NB13	–0.289**	0.199**	1	0.117**	–0.346**	–0.102**	–0.121**	–0.169**	–0.172**	–0.172**	0.071**
NB14	–0.331**	–0.123**	0.117**	1	–0.310**	0.222**	–0.072**	0.044**	–0.078**	–0.082**	–0.119**
NB21	0.433**	0.076**	–0.346**	–0.310**	1	–0.098**	0.234**	0.107**	0.452**	0.467**	0.209**
NB22	–0.091**	–0.422**	–0.102**	0.222**	–0.098**	1	0.013	0.092**	0.043**	0.044**	–0.276**
NB31	0.094**	–0.037**	–0.121**	–0.072**	0.234**	0.013	1	0.123**	0.266**	0.259**	0.023
NB32	0.029*	–0.138**	–0.169**	0.044**	0.107**	0.092**	0.123**	1	0.618**	0.620**	0.134**
NC331	0.133**	–0.097**	–0.172**	–0.078**	0.452**	0.043**	0.266**	0.618**	1	0.976**	0.100**
NB42	0.137**	–0.102**	–0.172**	–0.082**	0.467**	0.044**	0.259**	0.620**	0.976**	1	0.103**
NB51	0.214**	0.365**	0.071**	–0.119**	0.209**	–0.276**	0.023	0.134**	0.100**	0.103**	1

注：数值为 Pearson 相关系数值；**指在 0.01 水平上显著相关（双侧）；* 指在 0.05 水平上显著相关（双侧）。

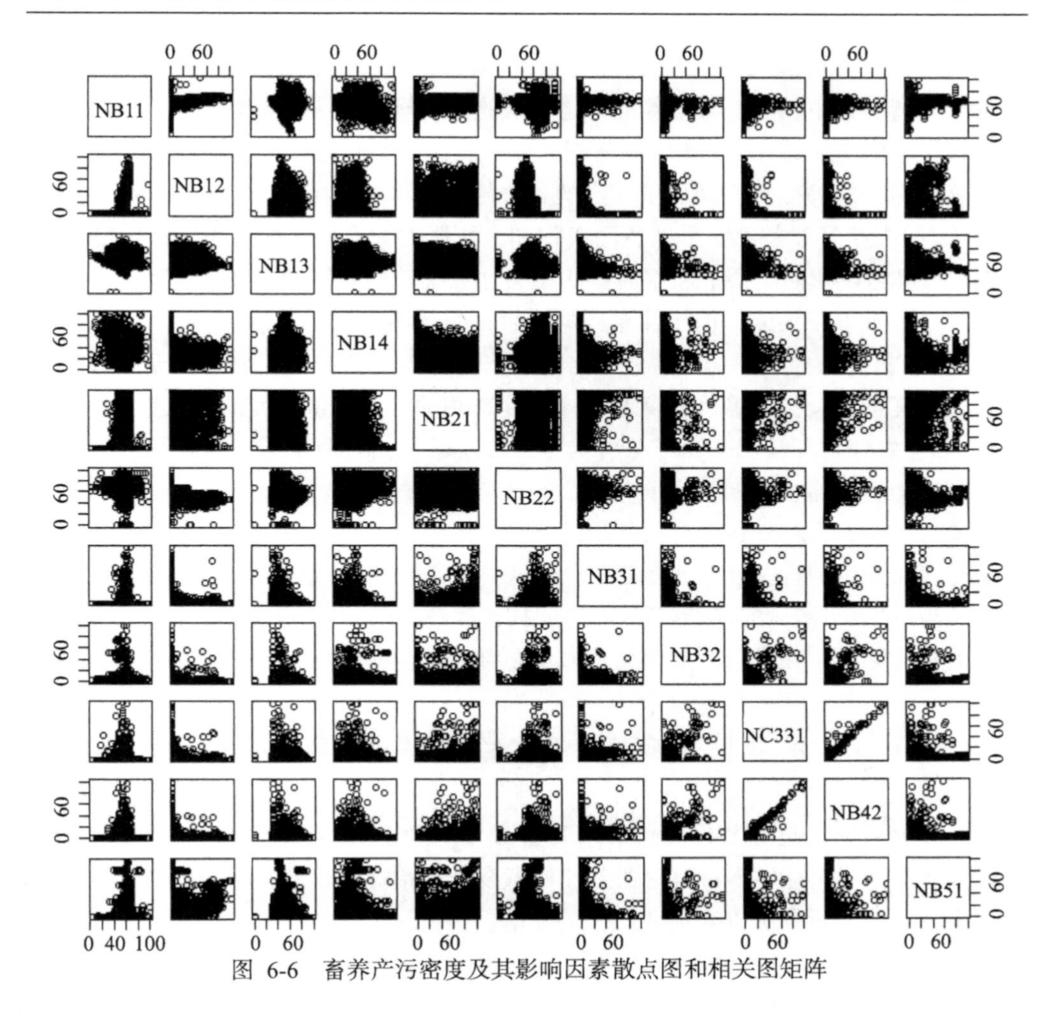

图 6-6　畜养产污密度及其影响因素散点图和相关图矩阵

从相关分析的结果来看，NB51 畜养产污密度与除 NB31 人口密度外的其他指标在 0.01 水平上显著相关，但相关系数不高，其中与 NB14 地被指数和 NB22 土壤肥力综合质量为负相关，其余为正相关。从以上结果来看，可以得到初步结论：在东北区分县格网化条件下，畜养产污与自然条件、农业基础条件、农业社会经济条件和农业种养情况的相关指标具备相关性。相关系数均不高，相对而言与温湿指数和土壤肥力综合质量的相关性最大，与地形起伏度和耕地利用面积的相关性次之，其余指标的相关性较小。

经过分县格网化后，各指标的相关性与分省格网化指标的相关性结果有一些差异，主要是在分配过程中分县指标带来了更大的信息量和变异性，这点在半方差函数的基台值、块金值和变程上也有所体现，根据相关的结果对区别于分省格网化指标相关性的结果分析如下：

（1）自然条件。四个二级指标均与畜养产污相关，地被指数表现为负相关，其余三个指标为正相关。与分省格网化不同的是，分县格网化对地形和地被的抽样更加精细，因此在以 10km 为间距进行系统抽样后的地形起伏度和地被指数的变异与畜养产污密度的变异表现出了一定的相关性。

（2）农业基础条件。耕地利用面积和土壤肥力综合质量均与畜养产污密度负相关。分县格网化后，耕地利用面积的相关性在统计层面体现出来，而在分省格网化的结果中是不相关的，但相关系数的符号是一致的，均为负值。

（3）农业社会经济条件。分省与分县格网化得到的结论相似，畜养产污密度与人口密度不相关，与经济密度和电耗强度正相关，且经济密度的相关性较大。

（4）农业种养情况。由于分省与分县收集的数据有所不同，但在相关性分析中均有一个指标与畜养产污密度相关。

总之，在东北区分县格网尺度条件下，畜养产污密度指标与其他指标体系的相关指标存在一定的相关性，虽然相关分析的结果与分省格网化稍有差异，但总体上保持了与自然条件、农业基础条件、农业社会经济条件和农业种养条件等指标体系的相关性。同时，在进行影响因素回归分析研究时，也需要注意共线性的影响。

6.6　东北区分县格网化数据的影响因素分析

本部分研究经过分县格网化后因变量与自变量之间的影响程度，不做定量预测，与分省格网化一样不再讨论畜养产污密度抽样指标的正态性问题。同时，采用多元逐步回归分析方法以避免共线性的影响。

本次回归以畜养产污密度为因变量，以地形起伏度、温湿指数、水文指数、地被指数、耕地利用面积、土壤肥力综合质量、经济密度、农村用电密度和粮产密度为自变量进行逐步回归分析，得到的分析结果如下：从模型汇总表中得到模型的相关系数 R 为 0.478，决定系数 R^2 为 0.228，校正的 R^2 为 0.227，模型有一定的拟合度；从 Anova 方差分析表中得到 F 统计量为 230.936，显著性值为 0.000，拒绝模型整体不显著的假设，因此本次回归模型有统计学意义；从系数汇总表中得到回归系数常数项为−3.791，显著（显著性值为 0.037），自变量回归系数及显著性见表 6-4；回归的残差直方图呈正态分布。本次回归说明东北区分县格网化条件下，自然条件（主要为温湿指数）和农业社会经济条件（主要为经济密度）为主要影响因素，其次为农业基础条件。

总之，基于东北区分县格网化指标的相关和回归分析得到的结论与前述研究的结论较为一致，这里不再赘述。

表 6-4　自变量标准系数及显著性

自变量	标准系数	显著性
NB11 地形起伏度	0.089	0.000
NB12 温湿指数	0.268	0.000
NB13 水文指数	0.121	0.000
NB21 耕地利用面积	0.196	0.000
NB22 土壤肥力综合质量	–0.142	0.000
NB32 经济密度	0.240	0.000
NC331 农村用电密度	–0.095	0.000

6.7　方法对比分析

为与第 5 章的研究进行对照，表 6-5 总结了全国分省格数据（总量）、全国分县格数据（总量和密度）、东北区分省格网化数据和东北区分县格网化数据的影

表 6-5　影响因素分析结果汇总

指标体系	具体指标	全国分省格数据		东北区分县格数据		东北区分县格数据（密度）		东北区分省格网化数据		东北区分县格网化数据	
		相关	回归	相关	回归	相关	回归	相关	回归	相关	回归
A1	B11	—	—	—	—	—	—			√	√
	B12	—	—	—	—	—	—	√	√	√	√
	B13	—	—	—	—	—	—	√	√	√	√
	B14	—	—	—	—	—	—			√	
A2	B21	—	—	—	—	—	—			√	√
	B22	—	—	—	—	—	—	√	√	√	√
A3	B31	√	√	√		√					
	C311	√		√		√					
	C312	√									
	B32	√	√	√	√	√	√	√	√	√	√
	C321	√		√	√	√	√				
	C322			√			√				
	B33	√						√	√		
	C331			√			√			√	√
	C332	√									
A4	B41	√						√	√		
	B42	√	√	√	√	√	√			√	

响因素分析的相关结果。值得一提的是，分县的统计、调查相结合的数据和分省的统计数据在经过本书研究提出的方法进行格网化后能够得到较为一致的结论，这为今后以分省尺度统计数据进行区域影响因素的分析提供了可行的方法参考，分省尺度统计数据的使用也在一定程度上减少了畜养产污分析的工作量。

需要特别指出，在格网化抽样数据的研究中，空间系统抽样、半方差函数分析和探索性空间数据分析方法的运用保证了抽样数据的代表性，该方法也为基于统计数据源、采用格网化方法分析农业源及其他类似问题的相关研究提供了一种可行的数据获取方法。

第 7 章　基于影响因素地理加权回归分析的分区研究

在影响因素探索性分析研究中，分县数据的回归效果不好，特别是分县格网化抽样数据的回归拟合度较低，这种情况可能是因离散化后的指标存在较强的空间自相关造成的。本章采用针对空间异质性的分析方法进行东北区主要影响因素的类型区划研究，主要是局部莫兰指数（LISA）分析和地理加权回归（GWR）分析。

7.1　东北区分县格数据与格网化数据的空间异质性

逐步回归的调整决定系数代表模型能够解释因变量差异的百分比，即模型的拟合程度。前述研究中的分省、分县和格网等尺度的调整决定系数分别为：0.872（全国层面分省尺度格数据总量）、0.532（东北区分县尺度格数据总量）、0.567（东北区分县尺度格数据密度）、0.963（东北区分省格网化数据）和 0.227（东北区分县格网化数据）。从调整决定系数的大小来看，基于分省格数据和格网化数据得到的回归方程拟合程度较好，且东北区分省格网化后的决定系数较大，表明经过格网化后对畜养产污指标的解释性更强。而基于分县格数据和格网化数据得到的回归方程拟合程度相对较低，尤其是分县格网化。造成这种情况的原因可能有两个，即遗漏重要变量或模型设定问题。鉴于模型构建的要素是结合机理分析及专家咨询的指标体系并进行相关分析筛选得到的，变量遗漏的可能性较小。因此，应重点考虑模型设定的问题。作为空间要素，仅仅基于数理统计的方法将全部自变量与因变量进行回归分析，要求因变量在空间上是平稳的。但是，分县的格数据和格网化数据比分省的相应指标的空间变异更大，即空间要素在大范围内呈现空间分布的差异性，因此需要考察因变量（畜养产污）的空间异质性。

本节采用局部莫兰指数（LISA）方法分别对分县格数据的畜养产污总量、密度和分县格网化数据的畜养产污进行空间异质性分析。

1）分县格数据畜养产污总量的空间异质性

对分县格数据的畜养产污总量进行 LISA 计算，得到的莫兰指数为 0.17，通过 5%显著性检验（permutation 为 199 条件下，$p \in [0.005,0.02]$，$Z \in [3.1,4.4]$）。局部莫兰指数分析结果的聚集性和显著性分析如下：有 9 个县区呈现高—高聚集，分布在该区的中部；17 个县区呈现低—低聚集，分布在该区的东部和东南部；6 个县区呈现低—高聚集，分布在该区的中南部；呈现聚集的 32 个县区的显著性有 2/3 在 5%水平，1/3 在 1%水平，其余 173 个县区的显著性不强。

2）分县格数据畜养产污密度的空间异质性

对分县格数据的畜养产污密度进行 LISA 计算，得到的莫兰指数为 0.28，通过 1%显著性检验（permutation 为 199 条件下，$p \in [0.005,0.01]$，$Z \in [5.2,9.0]$）。局部莫兰指数分析结果的聚集性和显著性分析如下：有 6 个县区呈现高—高聚集，分布在该区的西南部；54 个县区呈现低—低聚集，主要分布在该区的中东部和北部；2 个县区呈现低—高聚集，与高—高区相伴分布在该区的西南部；1 个县区呈现高—低聚集，位于该区的东南部；呈现聚集的 63 个县区的显著性有 35 个在 5%水平，28 个在 1%水平，其余 139 个县区的显著性不强。

3）分县格网化数据畜养产污的空间异质性

对分县格网化数据的畜养产污密度进行 LISA 计算，得到的莫兰指数为 0.76，通过 1%显著性检验（permutation 为 199 条件下，p=0.005，$Z \in [117,140]$）。局部莫兰指数分析结果的聚集性和显著性分析如下：有 640 个样点呈现高—高聚集，分布在该区的中部和西南部；2367 个样点呈现低—低聚集，分布在除高—高聚集区域外的大部分地区；65 个样点呈现低—高聚集，与高—高区相伴分布；1 个样点呈现高—低聚集；呈现聚集的 3073 个样点的显著性有 793 个在 5%水平，2280 个在 1%水平，其余 2405 个样点的显著性不强。

综上，分县格数据与分县格网化数据的 LISA 分析能够得出畜养产污在东北区呈现正的空间自相关，且在不同区域有一定的聚集特征。从分县格数据的 LISA 结果来看，畜养产污总量在空间上呈现弱的空间自相关，零星分布在中部、东部和南部地区，而畜养产污密度在空间上的空间自相关性较强，集中分布在东部和北部地区。从分县格网化数据的 LISA 结果来看，畜养产污密度在空间上呈现强的空间自相关，中部和南部为高—高聚集，其他大部分地区为低—低聚集。

鉴于畜养产污的这种空间分布聚集特征，采用传统的回归方法进行因素的探索性分析会受到空间异质性的影响，只是对于分县格数据和分县格网化数据影响的强弱不同。分县格数据的影响相对较弱，而分县格网化数据的影响较强。因此，本章的后续章节将引入地理加权回归分析，尝试改善空间异质性对回归分析带来的影响，同时借助主要影响因素的分区规律探索东北区的分区问题。

7.2　东北区分县格数据的影响因素 GWR 分析

地理加权回归方法可用于局域性的空间分析，其分析的目标数据应该是空间异质的。从上节的空间异质性分析可知，分县格数据与格网化数据均存在一定的空间异质性，相对来说分县格网化数据的空间集聚特征较高。本部分的分析采用固定高斯核和修正的 Akaike 信息准则（AICc）方法确定计算带宽，借助 ArcGIS 软件对东北区分县格数据和格网化抽样数据的畜养产污及其主要影响因素进行 GWR 分析。为进行对比，系数的分级方法采用自然断点（natural breaks）方法，该方法基于数据固有的自然分组进行划分，可使各个类之间的差异最大化。

对于分县格数据总量角度，以畜养产污为因变量、粮食产量和 GDP 为自变量进行地理加权回归分析，可以得到畜养产污与 GDP、粮食产量等影响因素的分县系数。

对于分县格数据密度角度，以畜养产污密度为因变量，以经济密度、农村用电密度和粮产密度为自变量进行地理加权回归分析，可以得到畜养产污密度与经济密度、农村用电密度、粮产密度等影响因素的分县系数。

由于自然条件和农业基础条件已作为畜养产污的一级区划分依据，在一级区内的变异相对不大。同时，结合获取数据的实际情况，在分县格网化数据影响因素的 GWR 分析中不考虑自然条件指标和农业基础条件指标。以畜养产污密度为因变量，以经济密度和农村用电密度为自变量进行地理加权回归分析，可以得到畜养产污密度与经济密度、农村用电密度等影响因素的分县系数。

影响因素 GWR 分析所得到的相关参数见表 7-1，其中分县格数据因数据量小且统计区域范围大，因而其带宽值远大于分县格网化数据的带宽；分县格网化数据的残差平方和远大于分县格数据，说明越精细的尺度（抽样点数远大于分县个数）越不容易准确拟合；Effective Number 反映拟合值方差与系数估计值偏差之间的折中；残差的估计标准差越小越好，数据表明分县格数据残差的估计标准差相对较好；在相同的因变量和不同的解释变量的前提下，具有较低 AICc 值的模型相对会更好地拟合观测数据，但不同统计尺度的畜养产污不是相同的因变量，因而这里的 AICc 值仅做参考；R^2 与校正 R^2 是衡量拟合度的参数，越大越好，因而分县格网化的 GWR 分析效果相对较好。

表 7-1　影响因素 GWR 分析结果汇总

尺度	带宽	残差平方和	Effective Number	估计标准差	AICc	R^2	校正 R^2
分县格数据—总量	576264.9	85.56	6.65	0.715	383.2	0.525	0.509
分县格数据—密度	357815.2	119.43	14.49	0.865	454.0	0.663	0.635
分县格网化	35431.2	71171.08	531.21	3.793	30399.6	0.796	0.774

GWR 的分析结果也提供了每一样本的参数，提供了局部回归模型的相关信息。表 7-2 列出了部分参数的最大值、最小值和平均值，其中条件数用于评估局部多重共线性，大于 30 的条件数意味着存在共线性的影响且结果不可靠。总体来说，格数据的的条件数比格网化数据的条件数大，但均未超过 30；Local R^2 表示局部回归

模型与畜养产污相应观测值的拟合程度，从均值上看格数据的拟合程度优于格网化数据；标准化残差表示局部回归模型拟合后与观测值的差距，从其均值可以看出格网化数据的标准化残差相对较小，但极值区间较大。

表 7-2　影响因素 GWR 分析结果样本参数统计信息

尺度	条件数			Local R^2			标准化残差		
	最小值	最大值	平均值	最小值	最大值	平均值	最小值	最大值	平均值
分县格数据—总量	22.082	29.341	25.866	0.356	0.587	0.495	−3.248	4.085	0.013
分县格数据—密度	11.991	29.189	19.910	0.318	0.652	0.559	−3.123	3.722	0.010
分县格网化	1.824	26.071	6.236	0.000	1	0.436	−8.707	8.824	0.005

总之，分县格数据与分县格网化数据的影响因素 GWR 分析提供了可靠的、较丰富的主要影响因素的空间分异信息，可作为分区研究的依据。

7.3　东北区二级分区研究

主要影响因素的分县系数分布可为东北区的二级分区提供参考，本部分讨论基于畜养产污的分异和主要影响因素的分县系数分异进行二级分区的划分。在进行畜禽养殖业区域管理方案的制订时，需要针对相对较大的地域单元进行（如市级和省级）区域划分，为简化研究探索基于前述研究的分区方法，本部分的研究按照自然断点方法对相应的分县系数进行两类划分。这样，畜养产污及影响因素的二级划分能够提供畜养产污及其影响因素系数的明确的区域范围，进而能够利用 ArcGIS 的叠置分析方法进行综合分析，从而得到东北区的二级分区。与畜养产污一级分区的区域分区不同，最终的二级分区可用类型分区表达，每种类型都对应不同程度的畜养产污和影响因素的组合。

东北区畜养产污分布特征和系数分布特征分析如下：

畜养产污分布特征——无论是总量还是密度，均呈东西分布，且西部高于东部。东部斑块分布较为均一，西部斑块相对破碎。

影响因素系数分布特征——经济系数分布。无论是经济总量系数还是经济密度系数，格数据的分析结果均是南部高于北部；格网化数据的分析结果是中部和南部高于东部、西部和北部。斑块分布较为均一。

影响因素系数分布特征——粮产系数分布。粮产总量系数东部和南部高于西部，南部高于中北部；粮产密度系数南部高于北部。斑块分布均一。

影响因素系数分布特征——农村用电量系数分布。农村用电密度系数北部高于南部，东西部高于中部。斑块分布相对破碎。

相应的，多尺度、不同影响因素组合的系数综合分区仍存在许多差异，但是却隐含着潜在的规律。东部和北部地区的斑块相对均一，西部和南部地区相对破碎。根据这样的规律认识，在东北区畜禽养殖业管理政策制定时，可依据不同的影响因素分区规律对本区的东南西北各区域制定不同的管理政策。

第三篇　畜禽养殖时空趋势及产污核算研究

第 8 章　中国规模化畜禽养殖量区域差异

8.1　中国畜禽养殖业的规模化趋势

畜禽养殖业从散养向着规模化的方向发展，畜禽养殖量的地域间差异随时间进一步增大。相关研究表明，不断扩大的养殖规模导致畜禽养殖废弃物超出了土地的消纳能力，由规模化集中养殖带来的污染物集中排放问题越来越突出，如法国布列塔尼省公用水硝酸盐含量超标、美国俄克拉荷马州沿海养猪场排放的硝酸盐、中国上海市郊集约化的大型畜禽场粪便流失造成地面及地下水质的污染危害等都是由规模化、集约化养殖所带来的问题。研究表明，中国 2007 年畜禽粪便总量达到 26 亿 t，是同期工业固体废弃物的 2.28 倍；预计到 2020 年中国畜禽粪便产生量将达到 41 亿 t。《第一次全国污染源普查公报》显示，农业非点源污染已经成为地表水污染的主要来源，而在农业非点源污染中，畜禽养殖污染的化学需氧量（COD）、总氮和总磷分别占农业污染源的 96%、38%和 56%，已成为农业非点源污染的主要来源之一。

中国不同地区的自然条件和社会经济条件差异很大，因此有必要从规模化畜禽养殖业的区域差异角度出发，分析各地区养殖业发展特点，并针对其规律给出相应的对策。国内学者对规模化畜禽养殖的研究主要集中在养殖场污染物及其环境影响、资源化利用、减排与治理等方面。高定等（2006）从畜禽养殖业粪便的养分含量出发分析其污染风险；莫海霞等（2011）基于五省的养殖户调查，对 2005 年和 2010 年畜禽散养户和专业养殖户畜禽粪便的处理方式、变化趋势及主要因素进行分析；刘爱民等（2011）从畜禽养殖方式及影响因素角度研究中国畜禽养殖方式的区域性差异及演变；田宜水（2012）从畜牧年鉴统计数据出发，分析了中国规模化养殖场畜禽粪便资源沼气生产潜力。从目前的规模化畜禽养殖研究来看，以全国为尺度进行畜禽养殖量的区域差异的定量研究不多见，而规模化畜禽养殖量的区域差异定量研究更少。因此，本书研究基于 2002~2009 年中国畜牧业年鉴的规模化养殖量数据，从规模化畜禽养殖量的角度出发对 21 世纪初期中国规模化畜禽养殖量的区域差异进行研究。

8.2　标准规模化养殖量核算与锡尔指数方法

中国全国行政区划数据来源于国家科技基础条件平台——国家地球系统科学

数据共享服务平台；规模化畜禽养殖量数据来源于 2003~2010 年《中国畜牧业年鉴》。依据畜牧业年鉴数据情况，规模化畜禽养殖量数据的选取参考如下方案：生猪出栏 500 头以上、奶牛存栏 100 头以上、肉牛出栏 100 头以上、蛋鸡存栏 1 万羽以上和肉鸡出栏 5 万羽以上纳入规模化畜禽养殖。因港澳台无相关统计数据，故在本书研究中，将中国 31 个省（区、市）划分为东北区（黑吉辽）、华北区（京津冀晋蒙）、华东区（鲁沪苏浙皖闽）、西北区（陕甘宁青新）、西南区（云贵川渝藏）和中南区（豫鄂湘赣粤桂琼）六大区。

1）标准规模化养殖量核算

为便于评价各地区规模化养殖业对环境造成影响的大小，通过标准规模化养殖量指标的计算将各类规模养殖量统一到一个标准，以利于分析研究。标准规模化养殖量指标采用猪当量用于对各地区养殖总量的比较分析。猪当量（或标准猪），即将其他主要的畜禽按一定关系折合为猪的数量，便于进行不同时间和区域之间变化的比较。标准规模化养殖量的换算参考《畜禽养殖业污染物排放标准》（GB 18596—2001）及 2011 建议稿的转换标准，换算公式为

$$Q=Q_{\mathrm{pig}}+5Q_{\mathrm{cattle}}+10Q_{\mathrm{cow}}+\frac{1}{30}Q_{\mathrm{layinghen}}+\frac{1}{60}Q_{\mathrm{broilerchi}} \tag{8-1}$$

式中，Q 为标准规模化养殖量；Q_{pig} 为生猪出栏量；Q_{cattle} 为肉牛出栏量；Q_{cow} 为奶牛存栏量；$Q_{\mathrm{layinghen}}$ 为蛋鸡存栏量；$Q_{\mathrm{broilerchi}}$ 为肉鸡出栏量，变量的单位均为万头。养殖量参考数据与污染源普查和核算工作中采用的数据一致，以出栏量（猪、肉牛、肉鸡）和存栏量（奶牛、蛋鸡）为统计基量。为表述方便，结论分析部分将标准规模化养殖量指标简称为规模化养殖量。

2）锡尔指数方法

1967 年，Theil 提出了 Theil 指数用于研究国家之间的收入差异，将国家换成区域则可用于研究区域之间的差异。锡尔指数是从信息理论中熵概念演化而来的，用于衡量变量的相对差异。锡尔指数的突出优点是能够将总体差异分解为区域内差异和区域间差异。借此，可进一步分析各区域对总体差异的影响。因此，本部分采用锡尔指数方法对全国、六大区及各区内部规模化畜禽养殖量的区域差异进行研究。总锡尔指数和各分区锡尔指数的公式如式（8-2）和式（8-3）。

$$T=\sum_{i=1}^{n_0}\sum_{j=1}^{n_i}V_{ij}\ln(nV_{ij}) \tag{8-2}$$

$$T_i=\sum_{j=1}^{n_i}\frac{V_{ij}}{V_i}\ln\frac{n_iV_{ij}}{V_i} \tag{8-3}$$

式中，设 T 和 T_i 分别为总锡尔指数和第 i 分区锡尔指数；n_0 为分区数；n_i 为第 i 区中的省数；n 为参与计算的全部省数；V_i 和 V_{ij} 分别为第 i 区和第 i 区 j 省标准规模化养殖量所占全国的比率。若设 T_{intra} 和 T_{inter} 分别为各分区内差异及分区间差异，则其计算公式见式（8-4）和式（8-5）。

$$T_{\text{intra}}=\sum_{i=1}^{n_0}V_iT_i=\sum_{i=1}^{n_0}\sum_{j=1}^{n_i}V_{ij}\ln\frac{n_iV_{ij}}{V_i} \tag{8-4}$$

$$T_{\text{inter}}=\sum_{i=1}^{n_0}V_i\ln\frac{nV_i}{n_i} \tag{8-5}$$

8.3　中国规模化畜禽养殖量的总体特征

表 8-1 展示了 2002~2009 年中国及六大区的规模化畜禽养殖量。从全国范围来看，2002~2009 年全国规模化畜禽养殖量总体上呈上升趋势，且上升幅度逐步增大。主要可分为两个阶段，第一阶段是慢速增长阶段（2006 年以前，包括 2006 年），第二阶段是快速增长阶段（2006 年以后）。慢速增长阶段从 2002 年的近 1 亿头到 2006 年的 1.64 亿头，年均增长 1603 万头；而快速增长阶段从 2006 年的 1.64 亿头到 2009 年的 4.2 亿头，年均增长 8569 万头。从整个时段来说，从 2002 年到 2009 年，全国规模化畜禽养殖量以年均 4689 万头的速度增长。

表 8-1　2002~2009 年中国及六大区规模化畜禽养殖量

区域	2002 年	2003 年	2004 年	2005 年	2006 年	2007 年	2008 年	2009 年
全国	9995	11641	13716	15834	16407	26186	34562	42114
东北	1289	1422	2025	2238	1972	2789	4405	5804
华北	1593	1853	2125	2364	2431	3222	3713	5315
华东	2959	3309	3555	4199	4101	6882	8648	10254
西北	345	427	464	529	551	949	1171	1631
西南	217	356	519	730	870	1462	2110	2715
中南	3593	4275	5028	5774	6482	10882	14514	16374

注：以标准猪计，单位为万头。

从各区来看，除东北区和华东区在 2006 年有少量的下降，2002~2009 年六大区规模化畜禽养殖量基本上均呈持续上升趋势。与全国情况类似，六大区规模化畜禽养殖量也可分为 2006 年之前的慢速增长阶段和 2006 年之后的快速增长阶段。在慢速增长阶段，中南区增速相对较快（年均增长 722 万头），华北区与华东区居中（年均增长分别为 210 万头和 286 万头），东北区和西南区相对较慢（年均增长分别为 171 万头和 163 万头），西北区增速最慢（年均增长 52 万头）。在快速增长阶段，中南区增速最快（年均增长 3297 万头），华东区增速较快（年均增长 2051 万头），东北区和华北区相对居中（年均增长 1277 万头和 961 万头），西南区和西北区增速较慢（年均增长 615 万头和 360 万头）。

从整个时段来看，2002~2009 年各区增长情况的差异也较大。中南区增速最快，从 2002 年的 3593 万头到 2009 年的 16374 万头，年均增长 1826 万头，居于六大区首位；华东区从 2002 年的 2959 万头到 2009 年的 10254 万头，年均增长 1042 万头，仅次于中南区；东北区与华北区分别从 2002 年的 1289 万头和 1593 万头到 2009 年的 5804 万头和 5315 万头，年均增长分别为 645 万头和 532 万头，居于中间；西北区与西南区分别从 2002 年的 345 万头和 217 万头到 2009 年的 1631 万头和 2715 万头，年均增长分别为 184 万头和 357 万头，增速最低。

8.4　中国规模化畜禽养殖量的区域差异及分解

通过对 2002~2009 各年度规模化畜禽养殖量的锡尔指数的计算，可将总体差异分解为六大区之间的差异和区域内部省际差异。表 8-2 列出了 2002~2009 年全国和六大区规模化畜禽养殖量的总体差异，并将其分解为区间和区内差异（六大区）。从锡尔指数分析结果可知，2002~2009 年中国规模化畜禽养殖量的总体锡尔指数也可以 2006 年为分界点划分成两个阶段，即 2002~2005 年锡尔指数总体呈下降趋势，总体差异水平缩减；而 2006~2009 年锡尔指数呈上升趋势（在 2008 年有波动），总体差异水平扩大。从整个时段来看，总体差异在经历了规模化畜禽养殖第一阶段的降低之后，在第二阶段逐步升高并于 2009 年超过了 2002 年的差异水平，总体上的差异表现为扩大。区间差异总体上略微降低，但在 2009 年有较大波动。区内差异经历了第一阶段的降低之后，在第二阶段升高并于 2009 年超过了 2002 年和 2003 年锡尔指数的差异水平。

表 8-2　2002~2009 年中国规模化畜禽养殖量锡尔指数

项目	2002 年	2003 年	2004 年	2005 年	2006 年	2007 年	2008 年	2009 年
总体差异	1.88	1.88	1.75	1.57	1.62	1.82	1.79	1.91
区间差异	0.23	0.21	0.20	0.19	0.19	0.20	0.20	0.17
区内差异	1.64	1.67	1.55	1.38	1.43	1.63	1.59	1.74
东北区	0	0.01	0.08	0.06	0.01	0	0	0
华北区	0.32	0.30	0.25	0.23	0.18	0.30	0.29	0.40
华东区	0.08	0.07	0.07	0.13	0.12	0.18	0.22	0.23
西北区	0.42	0.38	0.38	0.24	0.33	0.33	0.23	0.26
西南区	0.52	0.67	0.57	0.52	0.59	0.59	0.90	0.40
中南区	0.30	0.26	0.20	0.20	0.20	0.19	0.25	0.21

六大区在 2002~2006 年和 2007~2009 年虽有上升和下降的趋势，但没有明显的规律；而在整体时段上，可总结出特定的规律：第一，西南区在整个时段区内差异始终保持较高水平，波动不明显；第二，西北区在整个时段区内差异呈下降趋势，但在 2006~2007 年有所上升，2002~2009 年区内差异水平较高，但在整个时段上有

缩小趋势；第三，华北区在 2002~2006 年下降，在 2006~2009 年上升，整个时段内变化区内差异相对较高，整体上先缩小后扩大；第四，中南区在 2002~2009 年的区内差异也维持在相对较高水平，且在整个时段区内差异呈缩小趋势；第五，华东区在 2002~2009 年的区内差异呈上升趋势，后期差异水平相对较高，因此整个时段区内差异呈扩大趋势；第六，东北区在 2002~2009 年的差异变化规律性不强，但区内差异始终较小。

总之，锡尔指数的结果表明，中国规模化畜禽养殖量的差异主要源于各大区内部的省际差异。总体差异、区间差异和区内差异在 2002~2006 年和 2007~2009 年均有一定的规律可循，2006 年作为分界点也对应了规模化畜禽养殖量的变化规律。

8.5　中国规模化畜禽养殖量区域差异贡献率分析

表 8-3 列出了区间、区内和六大区的差异对总体差异的贡献率。因为总体差异为区内差异与区间差异之和，区内差异为六大区差异之和，所以区间、区内及六大区的差异对总体差异的贡献率的计算方法为各自占总体差异的比率。

表 8-3　2002~2009 年中国规模化畜禽养殖量区域差异贡献率　（单位：%）

贡献率	2002 年	2003 年	2004 年	2005 年	2006 年	2007 年	2008 年	2009 年
区间差异贡献率	12.34	11.11	11.51	12.10	11.53	10.82	11.37	8.92
区内差异贡献率	87.66	88.89	88.49	87.90	88.47	89.18	88.63	91.08
东北区贡献率	0.04	0.36	4.63	3.95	0.65	2.20	0.07	0.25
华北区贡献率	16.99	15.74	14.07	14.43	10.82	16.22	16.00	21.05
华东区贡献率	4.45	3.67	4.26	8.32	7.50	10.13	12.31	11.96
西北区贡献率	22.55	20.17	21.89	15.44	20.52	17.92	13.04	13.34
西南区贡献率	27.55	35.39	32.48	33.24	36.55	32.28	33.10	33.65
中南区贡献率	16.08	13.57	11.16	12.52	12.41	10.42	14.10	10.84

从表 8-3 的区域差异贡献率结果来看，区间差异相对较为稳定，差异贡献率维持在 11%左右，不同年份有些许波动。在 2002~2006 年规模化畜禽养殖量慢速增长阶段，区间差异的锡尔指数有降低趋势但波动较大；在 2007~2009 年规模化畜禽养殖量快速增长阶段，区间差异的锡尔指数有微弱波动，但表现出缩小趋势。从整个时段来看，区间差异的锡尔指数总体上呈下降趋势，这与整个时段内各个区域的规模化畜禽养殖量均呈现增长趋势（表 8-1）的现象一致，这种各区域同时增长的趋势使各个区域之间的差异逐渐缩小。但需要指出的是，由于区间差异的锡尔指数对总体差异水平的贡献率只有 10% 左右，因此这种差异的缩小十分有限。

另外，区内差异分化显著，对规模化畜禽养殖量的总体差异水平贡献率达到近

90%。西南区、西北区和华北区的贡献率相对较高，对区内差异的锡尔指数贡献率超过 70%。中南区与华东区对区内差异的贡献率在 20%左右，相对居中。东北区对区内差异的贡献率最小。

8.6　一些思考与政策建议

首先，从政策环境上看，将 2002~2009 年中国规模化畜禽养殖以 2006 年为时间节点分成慢速增长和快速增长两个阶段是合理的。从国际环境上看，2003 年发生的传染性非典型肺炎以及高致病性禽流感对畜禽养殖业的整个产业链产生了严重的影响。根据联合国粮食及农业组织（FAO）《2006 粮食及农业状况》，2005 年世界粮食作物和畜牧产量增长降至 20 世纪 70 年代初以来的最低年增长率，造成畜牧产量增长率放缓的原因是爆发动物疾病，尤其是禽流感，从而引起消费者对家禽的恐惧，接着颁布贸易禁令导致价格下跌。除了国际畜禽养殖业受到影响之外，中国在 2006 年前后的畜禽养殖业发展与政策支持对比也比较明显。中国在 20 世纪 80 年代中期完全放开畜产品的生产和流通，而粮食安全则始终是农业政策的重要目标，政府对其采取了多种措施，这两类产品实行的不同政策对支持水平的影响很大。FAO《2006 粮食及农业状况》报告指出，1990~2005 年畜牧业作为小农收入来源之一的总体重要性下降，畜牧业对其收入的贡献率从 1990 年的 14%下降到 2005 年的 9%，在中国东部省份甚至更低。1994~2003 年中国的农业政策对于农作物产品的支持水平（以%PSE 表征）在大多数年份高于对畜产品的支持水平。从 2006 年起中国进入第十一个五年规划阶段，2006 年农业部颁布的《全国畜牧业发展第十一个五年规划》将“转变畜牧业生产方式，加快畜牧业现代化进程”作为第一个战略重点，此后开始实行持续的畜禽养殖鼓励政策。如对能繁母猪在 2007~2009 年分别补贴 50 元/头、100 元/头和 100 元/头，对规模养殖场（小区）进行中央补助投资等。因此，国内外畜禽养殖业的发展环境也验证了以 2006 年为分界的规模化畜禽养殖业的慢速增长与快速增长阶段划分。

其次，从规模化畜禽养殖量的总体特征和区域差异特征来看，目前中国规模化畜禽养殖业仍处于快速增长阶段。2004~2010 年中央一号文件连续 7 年锁定“三农”问题，分别提出“促进农民增加收入”“进一步加强农村工作提高农业综合生产能力”“推进社会主义新农村建设”“积极发展现代农业扎实推进社会主义新农村建设”“切实加强农业基础建设进一步促进农业发展农民增收”“促进农业稳定发展和农民持续增收”“加大统筹城乡发展力度进一步夯实农业农村发展基础”。持续的积极政策和中国的畜禽产品市场的需求促成了畜禽养殖业的高速发展，尤其是政策性扶持的规模化畜禽养殖业。但是，在高速发展的同时却忽视了污染物排放的处理，并且传统的畜禽污染物处理方式（干清、水冲）没有配套跟进，一些新处理技术如生态养殖等技术也不成熟，因而畜禽污染物的集中处理及排放成为突出的问题。

最后，需要强调的是，虽然规模养殖总量的地区间及区内省份的差异性会影响畜禽废弃物处理及监管政策的制定，但是本书仅以总量差异性为出发点分析宏观层面的政策对策，没有考虑各省的经济水平、规模养殖场的设施化及综合管理水平和配套种植业情况的差异性。因而，在制定畜禽废弃物治理措施及监管政策时，相关部门在参考本书分析结论的同时更需要结合各自省份经济水平、养殖业发展水平和农业水平，因地制宜地制定相关政策。

为此，从区域差异分析的结果可知，中国规模化畜禽养殖业在 2007~2009 年作为快速增长阶段的特点是“总体差异扩大，区间差异微弱缩小，区内差异分化显著”。根据 2007~2009 年快速增长阶段的特点及各区的状况，本书的研究对六大区的规模化畜禽养殖业管理政策提出如下建议：

（1）作为传统养殖大区的中南区（贡献率为 10.42%~14.10%，均值为 11.79%）、华东区（贡献率为 10.13%~12.31%，均值为 11.47%）规模化养殖程度相对较高，区内差异对总体差异的贡献率约 10%，差别不明显。建议两大区内各地实行相近的政策，重点是现有规模化养殖业的发展与排污治理。

（2）东北区与华北区的规模化畜禽养殖量较大且养殖数量相近，但区内差异贡献率相异。东北区的区内差异贡献率最小（0.07%~2.20%，均值为 0.84%），差别很小，建议各地实行较为一致的政策，对现有与新建的规模化养殖的发展与排污治理进行综合管理。而华北区的区内差异贡献率较大（16.00%~21.05%，均值为 17.76%），各地区应根据规模化畜禽养殖业的发展状况制定相异的政策，重点是对规模化畜禽养殖业发展较快地区的管理。

（3）西南区和西北区的规模化畜禽养殖量不大，规模化养殖处于发展阶段，但两区的差异贡献率也是相异的。西南区的贡献率为六大区中的最高值（32.28%~33.65%，均值为 33.01%），因而建议区内各地根据规模化畜禽养殖的发展状况制定相异的政策，重点是对规模化养殖业发展较快的地区的管理。西北区的贡献率（13.04%~17.92%，均值为 14.77%）与中南区和华东区相近，建议该区在规模化养殖处于发展阶段时就注重畜禽养殖业的发展与排污治理的均衡管理，区内各地实行相近的政策。

综上，通过 2002~2009 年中国规模化畜禽养殖量的区域差异的研究可以得出以下结论：①2002~2009 年中国规模化畜禽养殖量总体上呈上升趋势且幅度逐步增大，六大区也基本呈持续上升趋势且中南区增速最快，华东区次之，东北区与华北区居中，西北区和西南区最低。整个阶段可分为 2002~2006 年的慢速增长阶段和

2007~2009年的快速增长阶段。②慢速增长阶段，总体差异缩小，区间差异略微缩小，区内差异分化显著；快速增长阶段，总体差异扩大，区间差异微弱缩小，区内差异分化显著。基于以上两点，建议中南区和华东区的政策重点是现有规模化养殖业的发展与排污治理，东北区和西北区则关注现有与新建的规模化养殖的发展与排污治理的综合管理，华北区和西南区的重点则是对规模化畜禽养殖业发展较快地区的管理。

第 9 章　河南省畜禽养殖的基本时空趋势

本书以畜养产污区划方法为视角，在第三篇注重思考畜禽养殖的时空趋势和产污核算，基于面板数据的时空特征的发掘是时空趋势研究的基础，本章尝试以统计年鉴能够获取到的数据探索河南省畜禽养殖的基本时空趋势。本章内容选取2008~2017 年《河南统计年鉴》中分市的人口数据及养殖量数据对河南省畜禽养殖的基本时空趋势进行研究。其中，人口数据考虑当地的常住人口和流动性人口（如旅游人口），仅为分析用，本章各节不再进行相关数据的说明。另外，本章的分区研究中，将河南省划分为豫中（郑州、许昌和漯河）、豫东（开封、商丘和周口）、豫西（平顶山、洛阳和三门峡）、豫南（南阳、信阳和驻马店）和豫北（安阳、鹤壁、新乡、焦作、濮阳和济源）五个区域，文内不再赘述。

9.1　河南省生猪出栏量的时空趋势

杨海成等（2015）在对上海、河南调研的基础上，描述了中国生猪产业发展现状，指出了中国现行生猪监测统计中存在的问题，并进一步分析了建立生猪全产业链监测统计的必要性及可行性。他们认为中国生猪产业总体运行平稳，但未来面临的不确定性不断扩大；全面、准确、公开的数据是市场微观运行和政府宏观调控的重要支撑，是保障生猪产业平稳发展的坚实基础；中国现行的生猪产业监测统计存在着数据不全面、不准确、不及时、难共享等问题，迫切需要建立包含产前、产中和产后的全产业链数据监测统计制度。生猪产业是河南省畜牧经济中的重要产业，如何有效利用已发布的河南省生猪产业数据，探索河南省生猪出栏的发展趋势具有重要的现实意义。

近年来，一些学者关注了河南省生猪产业的市场竞争、行业发展等问题。如朱超峰（2011）对河南省的生猪和猪肉出口竞争力的发展现状进行了概述，并提出了有利于提高河南省生猪和猪肉产业竞争力的建议。张春丽（2014）分析了河南省生猪业的发展现状，并从养殖户的角度探寻了河南省生猪产业适宜采取的垂直协作模式。李善宏（2015）通过对河南省历年生猪出栏量的情况进行分析研究，将 1990 年到2005 年划分为生猪出栏量快速增长时期，2005 年到 2012 年划分为生猪出栏量缓慢增长时期，并分析指出驻马店市的生猪养殖数量占全省第一。崔国庆等（2019）分析了河南省生猪产业的发展现状，并以此为基础对其生猪业发展提出了相关思考。

本节以《河南统计年鉴》生猪出栏数据和人口数据对河南省各地市及豫南、豫北、豫中、豫东和豫西五大区域的生猪出栏时空趋势进行研究。

9.1.1 各地市生猪出栏量的基本时空趋势

如图 9-1 所示，从 2007 年到 2016 年在河南省的 18 个地市中，除郑州市和洛阳市的总人数较高外，其他各地市的总人数差距相对较小。总体上，河南省各地市的总人数呈稳步上升的趋势，只在 2014 年个别地市出现了总人数下降的情况，以开封、平顶山、商丘、周口、信阳和南阳为代表。

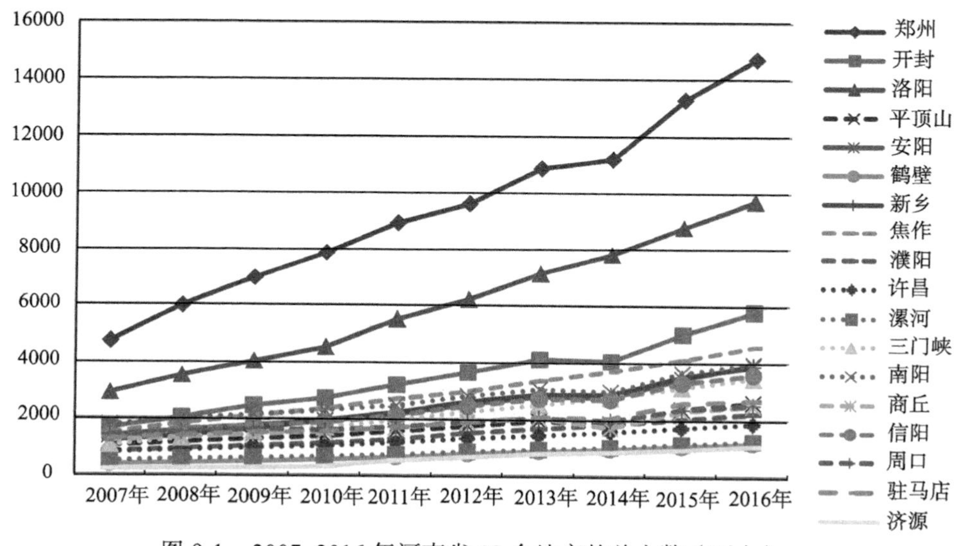

图 9-1　2007~2016 年河南省 18 个地市的总人数（万人）

如图 9-2 所示，从 2007 年到 2014 年各地市的生猪出栏呈现出逐步上升的状态，但在 2014~2016 年，大多数地市的生猪出栏量都出现了下降的趋势，主要以驻马店、周口、信阳、商丘和南阳为主。在这些地市中，驻马店、周口和南阳的生猪出栏量居于高水平的状态，而济源、三门峡、焦作、郑州、鹤壁、濮阳、安阳和洛阳的生猪出栏量则处于低水平的状态，其他地市诸如商丘、信阳、许昌、漯河、新乡、开封和平顶山的生猪出栏量居中。各地市生猪出栏量的增长速率低于各自总人数的增长速率。

为进一步研究流动人口影响下的河南省生猪出栏的趋势，引入人均生猪出栏量（供给量/总人数）数据。如图 9-3 所示，从 2007 年到 2016 年河南省各地市的人均生猪出栏量总体上都呈下降趋势，主要是由于各地市总人数的增长相对于生猪出栏量的增长来说速度较快。通过对河南省 18 个地市的对比分析，各地市之间的人均生猪出栏量差异相对较大：周口、许昌、漯河和驻马店居于较高水平，商丘、南阳、平顶山和信阳居中，郑州、新乡、开封、焦作、洛阳、濮阳、安阳、鹤壁、三门峡和济源 10 个城市的人均生猪出栏量相对较低，尤以郑州市最低。另外，就河南省各地市的人均生猪出栏量的综合排名来看，各地市的排名次序基本稳定，这说明2007~2016 年河南省各地市的人均生猪出栏量格局已呈现出稳定趋势。

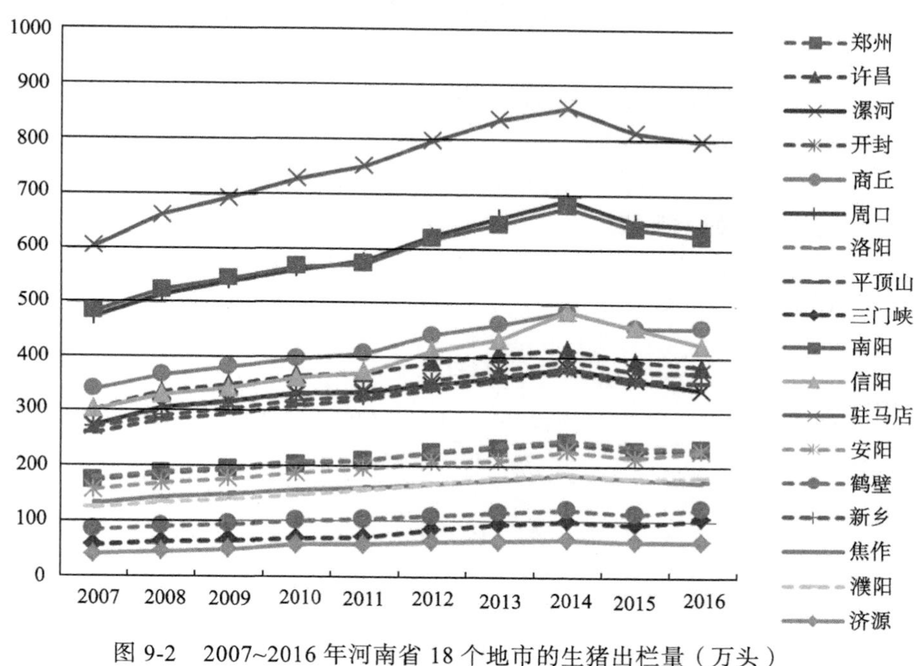

图 9-2　2007~2016 年河南省 18 个地市的生猪出栏量（万头）

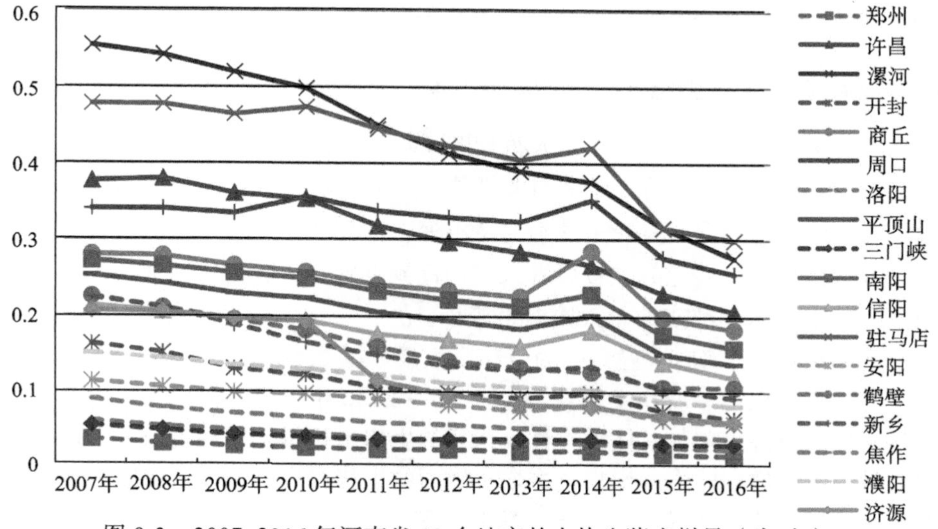

图 9-3　2007~2016 年河南省 18 个地市的人均生猪出栏量（头/人）

总的来看，可以根据河南省各地市的人均生猪出栏量的变化幅度将 2007~2016 年分为两个时段。阶段Ⅰ为 2007~2009 年，属于生猪出栏量的缓慢下降阶段；阶段Ⅱ为 2010~2016 年，属于生猪出栏量的快速下降阶段。

从河南省各地市每年的总人数及生猪出栏量的变化情况来看，可以找到产生这一结果的原因。一方面，虽然河南省各地市的常住人口较为稳定，而流动性人口由 2007 年到 2009 年的稳定增长变为从 2010 年到 2016 年的高速增长；另一方面，河南省各地市每年的生猪出栏量变化相对平稳。这样，总人数的过快变动导致人均生猪出栏量的快速变动。

2014 年为本观察期数据最为波动的一年，主要表现在 2013~2014 年人均生猪出栏量出现了短暂的上升情况，尤以驻马店、周口、商丘、信阳、平顶山和南阳的变化最为明显。与此同时，以上各市的流动人口却有所下降，而生猪出栏量却反而上升了。作者搜集了 2013~2014 年以上地市的国内游客数据予以佐证，如表 9-1 所示。

表 9-1　2013~2014 年河南省部分地市的国内游客数量　　（单位：万人）

地市	2013 年国内游客	2014 年国内游客
驻马店	1383.43	1352.86
周口	1156.01	1083.38
商丘	1316.33	978.19
信阳	2073.8	2044.63
平顶山	1447.81	1369.21
南阳	2027.61	1967.55

9.1.2　河南省五大区生猪出栏量的时空趋势

2007~2016 年河南省五大区总人数如图 9-4 所示，各区总人数总体上呈现上升趋势，在 2014 年稍有波动，豫中和豫北总人数上升趋势放缓，豫东和豫南总人数略微下降，豫西总人数上升趋势基本保持不变。在 2007~2016 年，河南省五大区之间的总人数存在着一些差异，按照总人数由高到低顺序为豫中、豫北、豫西、豫东和豫南，其中豫东和豫南的总人数差距较小。

如图 9-5 所示，河南省五大区的生猪出栏量可以 2014 年为界限，2007~2014 年各分区的生猪出栏量呈现稳定增长态势，2014~2016 年各分区的生猪出栏量呈现界线比较明显的下降态势。总体上，各分区间的生猪出栏量差距相对较大，豫南的生猪出栏量最大，豫东的生猪出栏量次之，豫西的生猪出栏量最小，按照生猪出栏量由大到小的顺序依次为豫南、豫东、豫北、豫中和豫西。

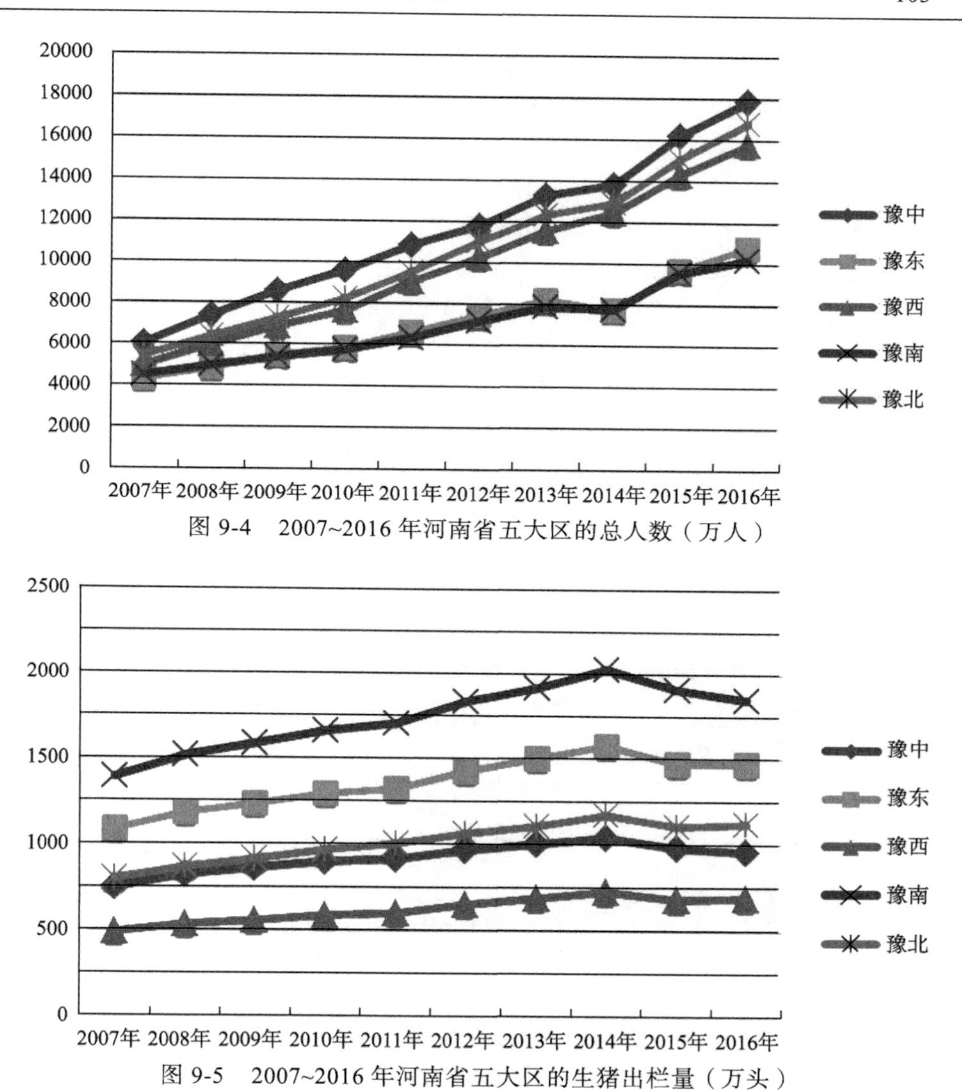

图 9-4　2007~2016 年河南省五大区的总人数（万人）

图 9-5　2007~2016 年河南省五大区的生猪出栏量（万头）

各大区生猪出栏量的增长趋势相对于各大区总人数的增长趋势而言较为平缓。将河南省五大区各自的生猪出栏量与总人数对比可以发现：豫南地区的生猪出栏量在五大区中居于首位，但其总人数在五大区中却居于末位，差异最大；豫西的生猪出栏量在五大区中居于末位，其总人数居中（第三）；豫中的生猪出栏量在五大区中居第四，但其总人数却居于首位；豫北的生猪出栏量在五大区中居中，其总人数在五大区中位于第二，相对均衡；豫东的生猪出栏量在五大区中居于第二，其总人数在五个分区中位于第四，差异较大。

为进一步分析河南省五大区生猪出栏量的人均状况，作者计算了河南省五大区的人均生猪出栏量（图 9-6）。一方面，从 2007 年到 2016 年的十年间，河南省五大区的人均生猪出栏量总体上呈下降趋势，出现该现象的原因是相对于各分区总人数的增长速度，各大区的生猪出栏量增长速度较小，且增长趋势平缓；另一方面，河南省五大区之间的人均生猪出栏量差异较为突出。按照各大区人均生猪出栏量的大小排序依次为豫南、豫东、豫北、豫中和豫西。豫南的人均生猪出栏量居于河南省五大区首位，该区主要包括南阳、信阳和驻马店，由五大区总人数和生猪出栏量折线图（图 9-4 和图 9-5）可知，豫南的生猪出栏量最大，但其总人数却居于末位，使得豫南的人均生猪出栏量处于五大区的高位，这与上文描述的河南省各地市的人均生猪出栏量趋势一致；豫西的人均生猪出栏量居于河南省五大区的末位，该区主要包括平顶山、洛阳和三门峡，由五大区总人数和生猪出栏量折线图（图 9-4 和图 9-5）可知，豫西总人数虽然在五大区中居中，但其生猪出栏量在五大区中居于末位，使得豫西的人均生猪出栏量在五大区中处于较低水平；豫东、豫北和豫中的人均生猪出栏量位于豫南和豫西之间。

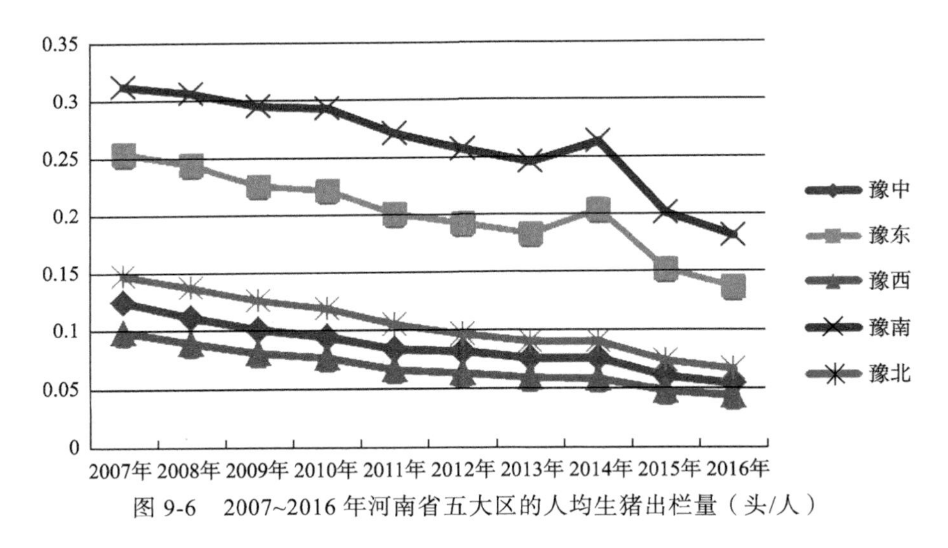

图 9-6　2007~2016 年河南省五大区的人均生猪出栏量（头/人）

河南省五大区人均生猪出栏量的变化情况可以划分为两个阶段：2007~2009 年缓慢下降阶段和 2010~2016 年快速下降阶段。造成这种差异的原因与河南省各地市人均生猪出栏量阶段性差异的原因类似，即河南省各大区的总人数在 2007~2009 年稳定增长，而在 2010~2016 年快速增长；相对于各大区总人数的增长，各大区每年的生猪出栏量变化幅度较小。

根据本节的研究，2007~2016 年河南省生猪出栏量的时空趋势可总结为以下两点：①2007~2016 年，河南省 18 个地市的总人数整体上呈上升趋势，生猪出栏量也呈上升趋势，但总人数增长更快，因而各地市的人均生猪出栏量呈现下降趋势。

②2007~2016 年，河南省五大区的总人数和生猪出栏量呈现不同程度的上升趋势，但五大区的人均生猪出栏量总体上呈下降趋势，人均生猪出栏量由高到低依次为豫南、豫东、豫北、豫中和豫西。

9.2　河南省肉牛出栏量的时空趋势

郭磊和张立中（2015）认为中国牛肉需求潜力大、供不应求的局面在短期内不会改变，因为有肉牛品种不足、肉牛养殖专业化和规模化程度较低、生产成本升高、肉牛屠宰产能过剩而精深加工能力不足等诸多困境，导致牛肉供给严重不足。刘春鹏和肖海峰（2016）从城镇化、老龄化等方面分析我国牛肉供求的变化趋势，认为我国牛肉养殖成本提高、牛胴体重提升缓慢，而牛肉消费却仍将快速增长，未来牛肉供给增长相对缓慢，牛肉市场供求将进一步失衡。杨春和王明利（2015）以 1979~2012 年数据为基础，通过微观经济学中供给、需求和局部均衡理论分析认为我国牛肉供求之间依然呈现紧平衡格局，并通过 ARMA 模型预测出 2013~2025 年我国牛肉的供给与需求均将保持一定的增长，但增长缓慢，提升我国牛肉供给任务依然很艰巨。国内一些学者的研究表明中国当前牛肉供给量与需求量之间正处于紧平衡格局之下，提升中国牛肉供给量与牛肉供给能力的任务相当艰巨。

9.2.1　各地市肉牛出栏量的基本时空趋势

河南省是中国牛肉供给大省，牛肉产业发展基础良好，肉牛饲养量、牛肉产量等主要经济指标历年来均居全国前列，肉牛养殖在河南省畜牧业中也占据重要的地位。近年来，河南肉牛产业地位不断巩固，河南省牛肉供给在以下几个方面呈现出乐观的态势：①人们的养殖积极性明显提高；②肉牛养殖产业规模明显扩大；③养牛的科技支撑明显增强；④牛肉产品的国际合作明显加快。因此，研究河南省肉牛出栏量的时空趋势有重要的现实意义。

根据图 9-7 所示的肉牛出栏量数据，河南省各地市的肉牛出栏量基本稳定，可将河南省各地市分为三种情况。南阳、驻马店、周口和商丘肉牛出栏量较高，开封、洛阳、平顶山、新乡、许昌和信阳次之，其他各地市肉牛出栏量相对较小。

9.2.2　河南省五大区肉牛出栏量的时空趋势

如图 9-8 所示，河南省五大区肉牛出栏量总体上呈稳定趋势。河南省五大区的肉牛出栏量可以 2014 年为界限，2007~2014 年各分区的肉牛出栏量呈现稳定态势，2014~2016 年各大区的肉牛出栏量呈现比较明显的下降趋势。总体上，各大区间的肉牛出栏量差距相对较大，豫南的肉牛出栏量最高，豫东的肉牛出栏量次之，豫中的肉牛出栏量最小，按照肉牛出栏量由大到小的顺序依次为豫南、豫东、豫西、豫北和豫中。

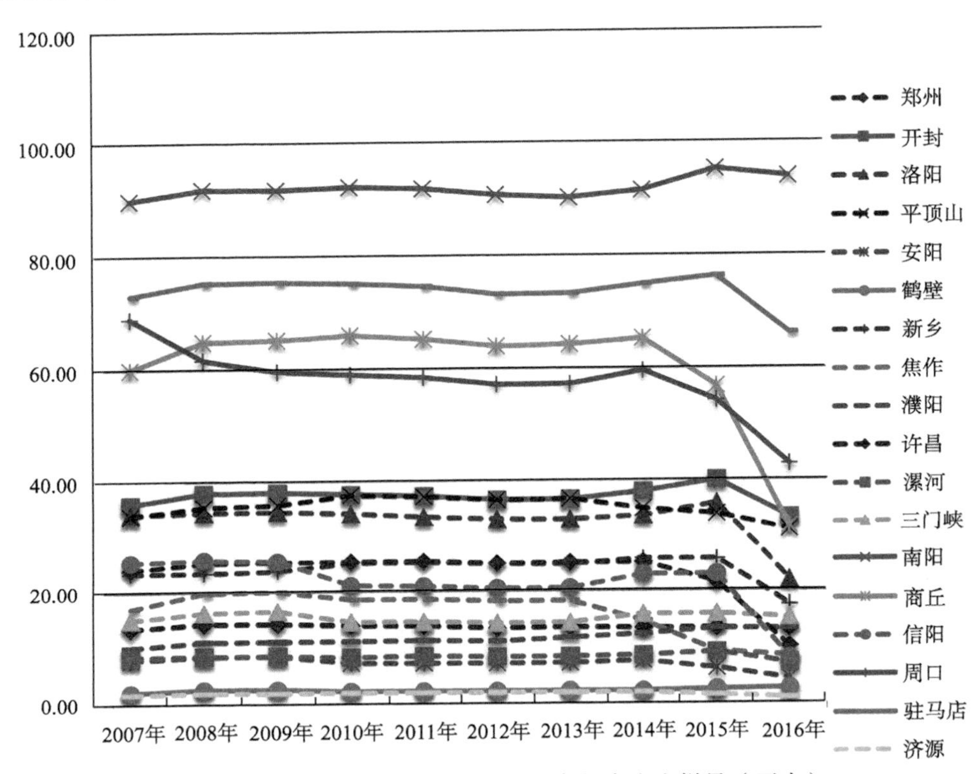

图 9-7　2007~2016 年河南省 18 个地市的肉牛出栏量（万头）

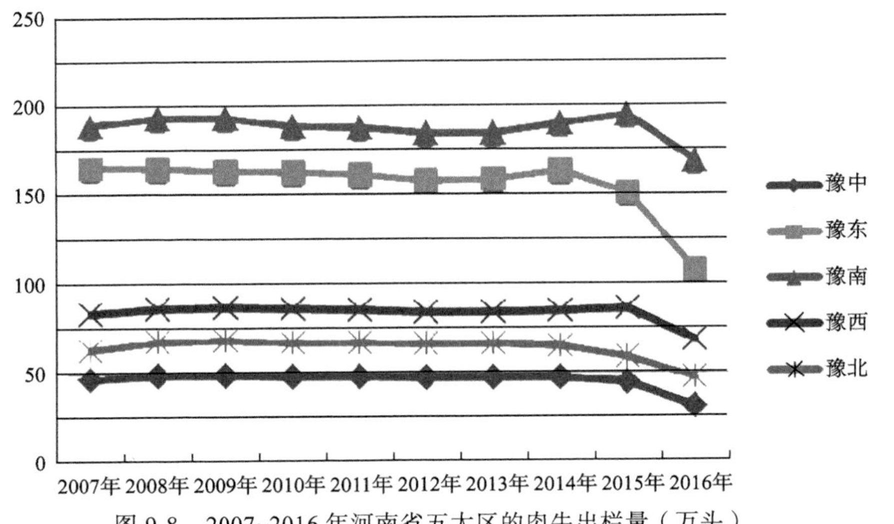

图 9-8　2007~2016 年河南省五大区的肉牛出栏量（万头）

如图 9-9 所示，河南省人均肉牛出栏量总体上呈明显的下降趋势。河南省五大区的人均肉牛出栏量可以 2014 年为界限，2007~2013 年各大区的人均肉牛出栏量呈现下降态势，2013~2014 年相对稳定，而 2014~2016 年各大区的人均肉牛出栏量再次出现比较明显的下降趋势。从空间上看，各大区间的人均肉牛出栏量差距相对较大，尤其是豫中和豫东两区与其他三个大区差异明显。豫北的人均肉牛出栏量最高，豫西和豫南的人均肉牛出栏量次之，豫中的人均肉牛出栏量最小，按照人均肉牛出栏量由大到小的顺序依次为豫北、豫西、豫南、豫东和豫中。具体的时间序列上的阶段性差异和空间上地区的不均衡产生的原因类似之前对河南省生猪出栏量部分的分析，在此不做赘述。

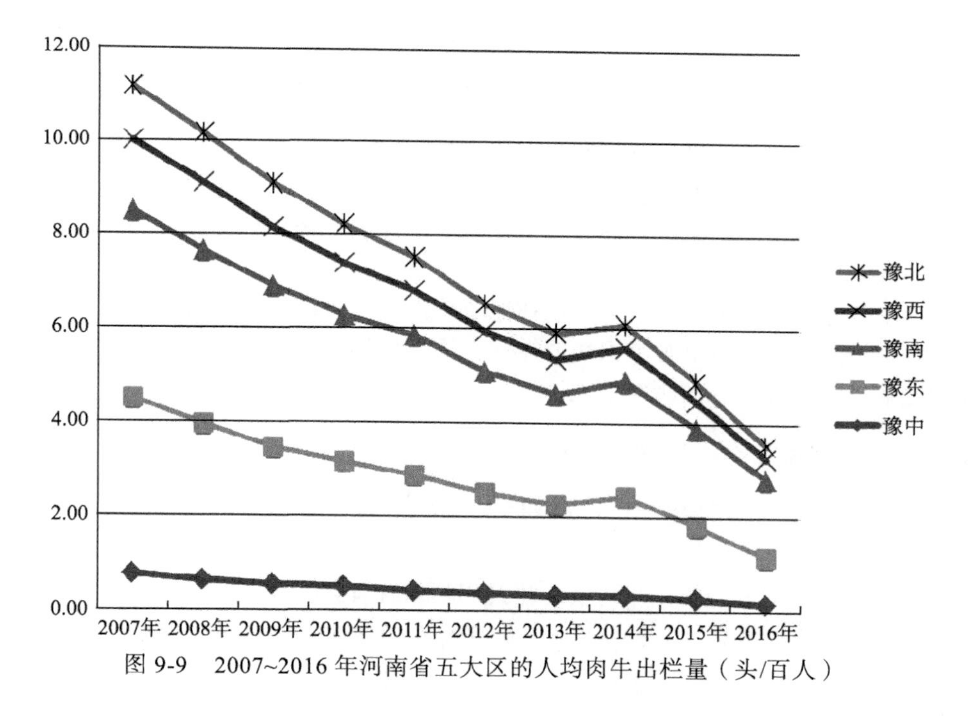

图 9-9　2007~2016 年河南省五大区的人均肉牛出栏量（头/百人）

根据本节的研究，2007~2016 年河南省肉牛出栏量的时空趋势可总结为以下两点：①2007~2016 年，河南省 18 个地市的总人数整体上呈上升趋势，肉牛出栏量却基本稳定或有下降趋势，致使各地市的人均肉牛出栏量呈现较快的下降趋势。②2007~2016 年，河南省五大区的总人数呈现不同程度的上升趋势，但五大区的人均肉牛出栏量总体上呈下降趋势，人均肉牛出栏量由高到低依次为豫北、豫西、豫南、豫东和豫中。

9.3　河南省家禽出栏量的时空趋势

家禽产品作为我国膳食结构中营养元素的来源之一，在满足人们对肉类产品的需求中发挥着越来越重要的作用。随着经济水平的提高，各类快餐产品渐渐进入人们的生活，餐饮行业中禽肉消费也日益增长。一些学者对国内家禽市场进行了研究。张凤娟（2013）在经典国际贸易理论的前提下，运用统计和计量分析的方法研究了中国家禽出口的状况以及影响因素，提出了相应的指导建议。Khokhar（2015）分析了家禽供应链中造成食品安全威胁的相关因素，从而提出要保障禽肉质量安全，控制禽肉产品的价格，降低生产成本。朱学伸（2011）以家禽“PSE 肉”这一种禽肉为例，研究不同季节中随着禽肉颜色的变化，肌肉品质所产生的变化，分析其产生的原因，从而为改善禽肉在生产加工过程中的品质提供技术支持。高福才（2016）以山东聊城为例，通过调查走访当地家禽养殖户对于禽流感疾病及防控相关知识的掌握程度，采取针对性的措施提高对禽流感的防控水平。杨景晁等（2017）认为我国当前家禽产业具有消费市场不断拓宽、需求倒逼供给转型的发展趋势，提出了促进可持续发展的建议。

河南省作为农业大省，家禽产业在经济中占有一定比重，且随着近年来的流动人口影响，河南省各地市对于家禽的需求在逐年增加，因此，研究河南省家禽出栏量的时空趋势具有重要的现实意义。

9.3.1　各地市家禽出栏量的基本时空趋势

根据图 9-10 所示的家禽出栏量数据，河南省 18 个地市的家禽出栏量差异相对较大。济源的家禽出栏量最少，且十年间基本保持不变，原因在于济源市的总人口数在所有地市中是最少的；三门峡的家禽出栏量在 1000 万羽上下，且近五年有下降的趋势；焦作、鹤壁、新乡三个地市的家禽出栏在 2013~2015 年间呈快速下降趋势，其中焦作的家禽出栏量降速最快，而三个地市的总人数却在不断增加；郑州和安阳的家禽出栏量自 2014 年开始下降，同样总人数却处于上升趋势；开封的家禽出栏量始终保持稳定增长，且自 2015 年起开始呈现较快增长趋势；洛阳、濮阳、漯河等地的家禽出栏量呈稳定增长趋势；南阳、商丘、信阳、周口和驻马店的家禽出栏量在所有地市当中较高，总体均在 4000 万羽以上，且有曲折上升的趋势，周口的家禽出栏量上升趋势最为明显，信阳的家禽出栏量最高达到了 7000 万羽以上（2015 年）。总体来说，在 18 个地市当中，除焦作、鹤壁、郑州、新乡和许昌之外，大部分地市的家禽出栏量都在不断增长。

根据图 9-11 所示的人均家禽出栏量数据，河南省 18 个地市的人均家禽出栏量

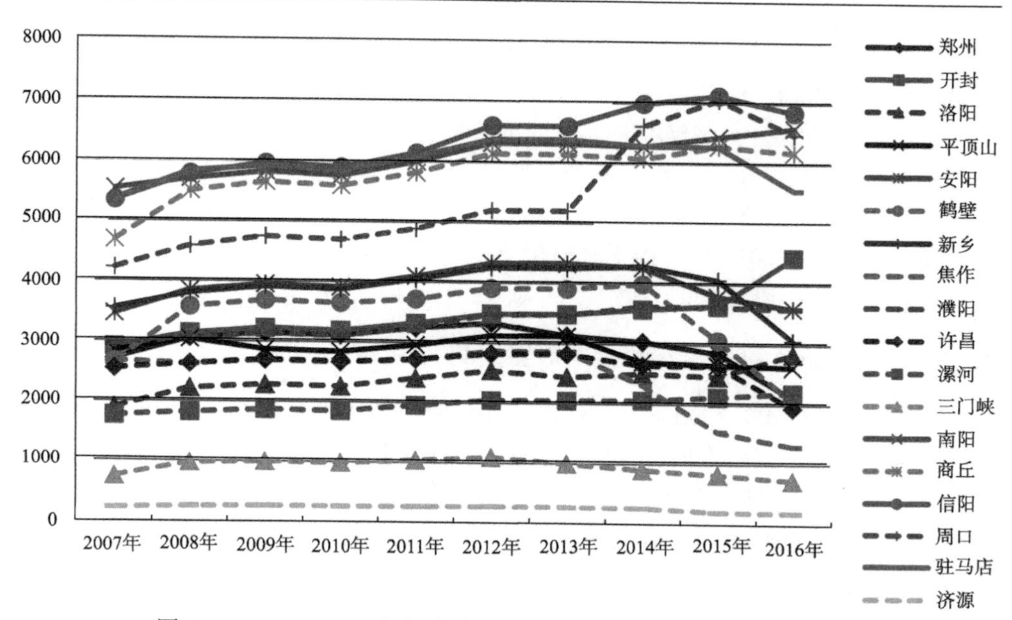

图 9-10　2007~2016 年河南省 18 个地市的家禽出栏量（万羽）

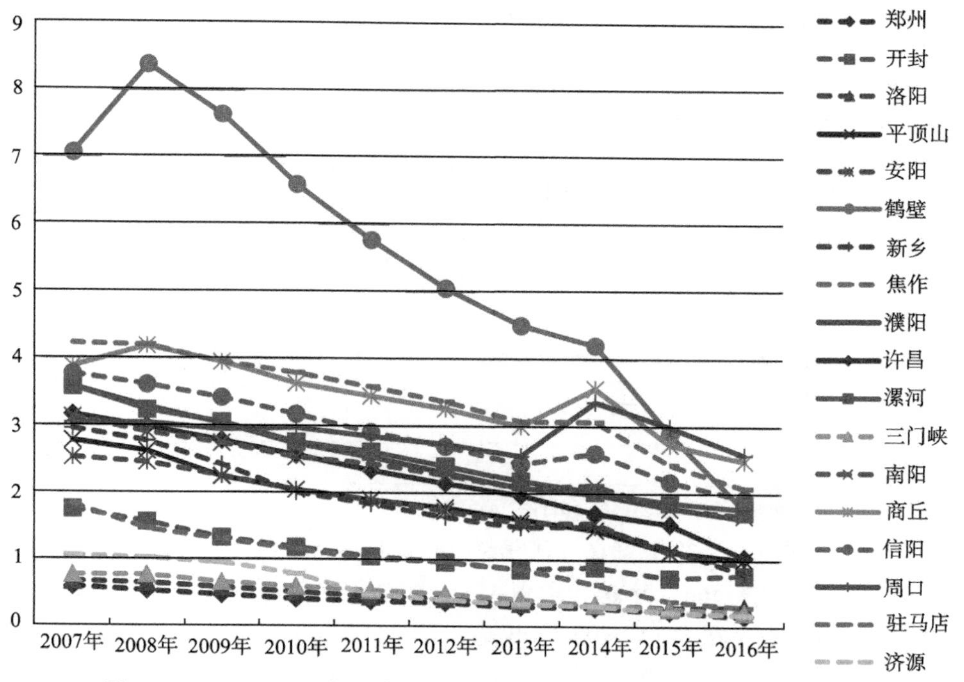

图 9-11　2007~2016 年河南省 18 个地市的人均家禽出栏量（羽/人）

差异相对较大。洛阳、漯河、三门峡和济源四个地市的人均家禽出栏量供给最少，且呈持续下降趋势；信阳、商丘、周口和驻马店的人均家禽出栏量在 2014 年出现下降趋势内的高值，与该年度总人数的下降有关；平顶山、安阳、新乡、郑州和许昌的人均家禽出栏量呈现缓慢下降的趋势；鹤壁是人均家禽出栏量最多的一个地市，2007~2008 年人均家禽出栏量呈现增长趋势，且在 2008 年达到人均 8.5 羽的最高值，此后便持续下降，2014 年后的下降速度更快。从整体来看，河南省 18 个地市的家禽出栏量都处于下降趋势。

9.3.2　河南省五大区家禽出栏量的时空趋势

如图 9-12 所示，河南省五大区家禽出栏量总体上呈稳定趋势。豫西的家禽出栏量最少，大约保持在 5000~7000 万羽范围；豫中的家禽出栏量稍大于豫西，保持在 8000 万羽左右；豫东的家禽出栏量在 2007~2012 年缓慢上升，从 2013 年开始下降，2014 年出现一次低谷，供给量下降到 10000 万羽以下，此后又呈上升趋势；豫北 2007~2014 年的家禽出栏量保持缓慢增长趋势，2014 年以后下降，且有持续下降趋势；豫南的家禽出栏量是五大区中最高的，在 2007~2015 年九年间持续增长，2015 年之后也开始下降。从时间特征上看，2007~2016 年各大区的家禽出栏量总体上是稳定上升的。

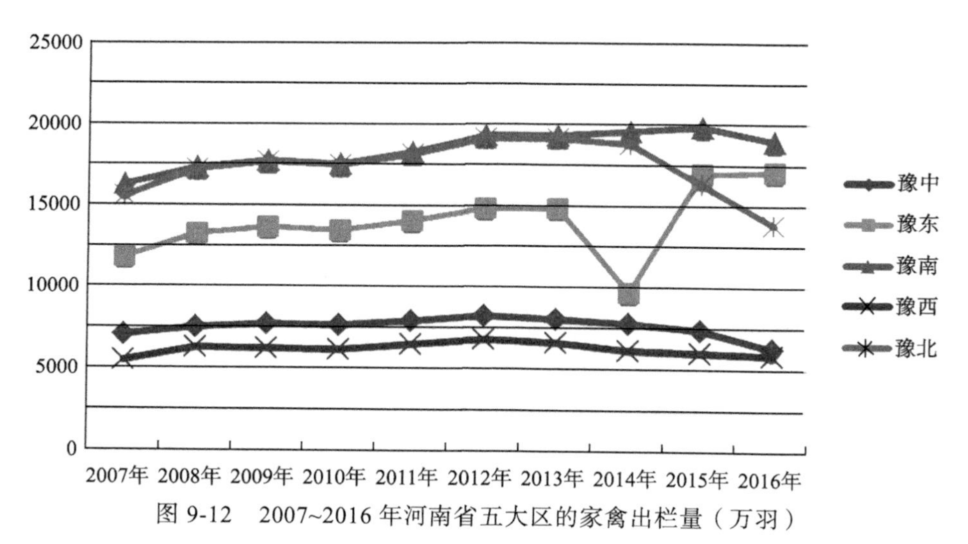

图 9-12　2007~2016 年河南省五大区的家禽出栏量（万羽）

如图 9-13 所示，2007~2016 年河南省五大区的人均家禽出栏量总体上都呈下降趋势，其中豫东地区在 2014~2015 年出现一次由下降到上升的波动，之后继续保持下降状态；豫东、豫南和豫北三个地区人均家禽出栏量高于豫西和豫中，下降速度也明显快于两个地区，其中豫东是由于家禽出栏量一直排在前位，但其总人数少且增长速度慢；豫西的总人数处于持续上升趋势中，但其家禽出栏量在河南省一直排在末位，致使其人均家禽供给处于下游；豫中虽然是河南省内总人数最多且增长最快的大区，但是其家禽出栏量相对较少，且多年基本不变，致使其人均家禽出栏量最少，并持续减少。总的来说，各大区人均家禽出栏量之间的差异较为明显。

根据本节的研究，2007~2016 年河南省家禽出栏量的时空趋势可总结为以下两点：① 2007~2016 年，河南省 18 个地市的家禽出栏量都处于下降趋势，且各自的差异较大。②2007~2016 年，河南省五大区的人均家禽出栏量总体上都呈下降趋势，且趋势明显。

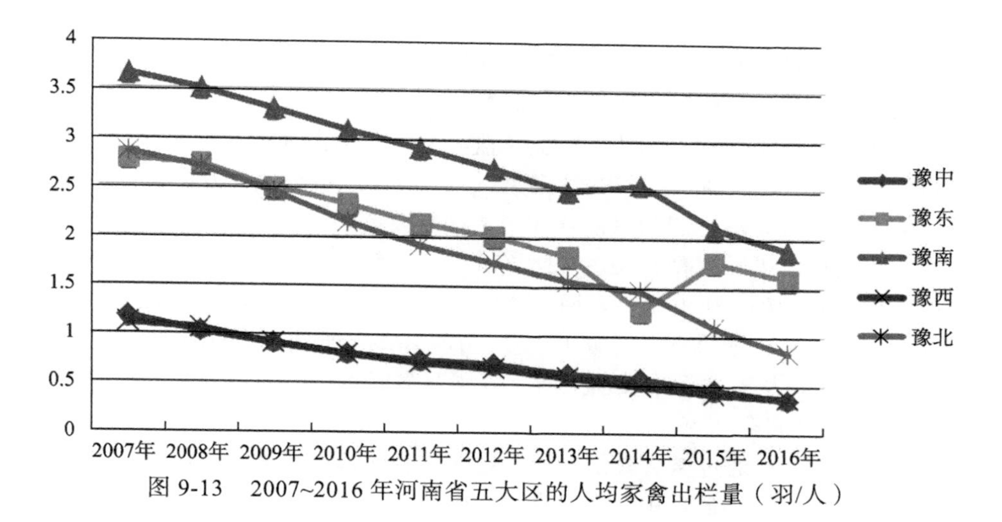

图 9-13　2007~2016 年河南省五大区的人均家禽出栏量（羽/人）

第 10 章　基于时间序列数据的省域畜养产污核算

10.1　省域畜养产污核算研究的必要性

随着中国经济的高速增长，国民经济各行业都得到了快速发展，但随之而来的环境问题日益凸显。环保部 2017 年发布的《2016 中国环境状况公报》表明，中国地表水水质和地下水质较差的监测断面（监测井）分别占 32.3%和 60.1%，中国的水环境污染形势非常严峻。如何在特定生态、社会和经济环境下发展畜养业，同时保证区域的可持续发展，成为目前急需解决的重要问题。

近年来国内学者从粪便污染、耕地氮磷负荷、畜禽污染的时空特征等角度研究中国的畜禽养殖污染，研究结果表明：畜禽粪便氮磷污染风险较高的地区主要分布于中国的东部地区，“如果不进行政策干预，全国畜禽粪便总污染量将大幅增至 2020 年的 2.98 亿 t”；从畜禽污染发展上看，我国畜禽养殖造成的污染较严峻，污染程度与人均 GDP 之间存在倒“U”形曲线关系，且已跨过曲线拐点；中国农田消纳畜禽粪便的潜力较大，通过畜禽粪便还田利用能够有效解决粪便污染问题。在相关学者的省域畜禽养殖污染研究中，全国畜禽粪便总氮、总磷产生量分别是 380.56 万 t 和 63.89 万 t，畜种生猪占 41.2%和 34.8%，省域河南居全国第二（分别占 13.7%和 13.3%）。

河南省是农业大省，全省粮食产量约占全国的十分之一，畜产品产量近几年则一直位居首位。畜养业在河南农村经济和农民收入中占有重要地位，河南省已经形成以黄河滩区为主的黄河滩区绿色奶业示范带，以商丘、周口、南阳、驻马店和平顶山为主的中原肉牛、肉羊产业带，以许昌、漯河和驻马店为主的京广铁路沿线生猪产业带，以新乡、安阳和鹤壁为主的豫北蛋肉鸡产业带。与此同时，畜养业废弃物污染已成为环境污染的重要来源，部分地市畜养污染已超过农田的消纳和承受能力。河南省生猪基本采用干清粪，堆积发酵后施肥；肉鸡多数为地面平养，有垫料，一次清出堆积发酵施肥；蛋鸡为笼养，干清粪；肉牛、奶牛多为散栏式饲养，干清粪，晾晒后用于双孢菇种植等。如何科学估算畜养污染物产生量，制定引导其资源化利用的管理和治理政策已成为河南急待解决的问题。

然而，对接污染源普查畜种和普查污染物的畜养产污核算的研究不多，多数文献仅针对特定畜种、单污染物或较少污染物指标进行排污分析，而对河南省畜养产污情况则鲜有研究。农田消纳与承载负荷的研究文献主要结合具体研究区域实际，寻求潜在的规律性问题，而目前针对河南省域的畜养产污农田消纳和承载负荷问题的研究较少。鉴于此，本书研究借助环保部《畜禽养殖业源产排污系数手册》的分畜种产污系数，从畜养产污角度分析河南近年来的畜养产污粪便、尿液、COD、TN、TP、Cu、Zn 等污染物的规律，分析河南省畜养氮磷的农田消纳与承载负荷，旨在探索一种对接污染源普查工作的省域畜养产污分析方法，同时为河南省畜养产污管理政策的制定提供依据。

10.2　省域畜养产污核算及农业消纳与承载负荷核算

本书研究中畜养产污的核算品种选取猪（生猪、能繁母猪）、牛（肉牛、奶牛）和鸡（肉鸡、蛋鸡），养殖量基础数据来源于 2001~2015 年河南统计年鉴、调查年鉴、河南农村统计年鉴等，其中生猪、肉牛和肉鸡为出栏量，能繁母猪、奶牛和蛋鸡为存栏量。在进行畜禽粪便的农田消纳量和农田承载负荷核算时，耕地面积应反映当年的种植情况，因此选用《河南统计年鉴》的农作物总播种面积指标。

1）畜养产污核算

畜养产污核算以《第一次全国污染源普查畜禽养殖业源产排污系数手册》的日产污系数为核算基数，核算粪便、尿液、总磷、总氮、COD、Cu、Zn 等污染物的产生量，核算模型为

$$P_k = \sum_{i=1}^{n}\sum_{j=1}^{m} L_i \cdot \theta_{ijk} \cdot T_{ij} \tag{10-1}$$

式中，P_k为第 k 种污染物的产生量；L_i为第 i 种畜禽养殖量；θ_{ijk}为第 i 种畜禽第 j 养殖期第 k 种污染物的日产污系数；T_{ij}为第 i 种畜禽第 j 饲养周期。饲养周期核算中，生猪保育期为 70 d，生猪育肥期为 95 d，母猪为 365 d，奶牛育成期为 1.5 a，奶牛产奶期为 4.5 a，肉牛养殖期为 1 a，蛋鸡育雏育成期为 140 d，蛋鸡产蛋期为 1 a，肉鸡养殖期为 55 d。在畜养产污污染物核算过程中，将畜禽养殖周期按照统计年鉴数据统计周期（1 a）内的养殖天数进行折算。

2）畜养产污农业消纳及承载负荷核算方法

借鉴杨世琦等（2016a）的相关研究，引入畜禽粪便的农田消纳量（一定区域农田单位面积分摊的畜禽粪便产生数量或氮、磷产生数量）和农田畜禽粪便承载负荷（一定区域畜禽粪便的农田容纳量与畜禽粪便安全消纳容量的比值）分析河南畜养产污粪便的农田消纳及承载负荷，相关计算模型如下：

$$\mathrm{GAPF} = \sum_{i=1}^{n} \frac{M}{S} \tag{10-2}$$

式中，GAPF 为农田消纳量；*M* 为畜禽粪便量或氮磷产生量；*S* 为耕地面积或播种面积，本书研究中选取河南省作物总播种面积。

$$MCL=\frac{GAPF}{SC} \tag{10-3}$$

式中，MCL 为承载负荷；SC 为畜禽粪便安全消纳容量。MCL 取值 0、1 和大于 1 分别代表零负荷、满负荷和超负荷。SC 取值标准参考欧盟标准，氮为 170 kg/hm^2，磷为 35 kg/hm^2。

10.3　2000~2014 年河南畜养产污核算

根据 2000~2014 年河南省畜养产污核算结果（表 10-1），河南省畜禽养殖污染物产生总量逐年增加，2000 年为最低值，2014 年为最高值，中间略有波动。为横向对比，本书研究借助 *Z* 标准化方法消除量纲影响，将畜养产污核算值转换成均值为 0、方差为 1 的数列，转换后的时间序列数据如图 10-1 所示。通过 2000~2014 年河南省畜养产污 *Z* 标准化结果，整个时间段内河南省畜养产污总量呈增加趋势，但明显以 2006 年为界分成两个阶段，即阶段Ⅰ（2000~2005 年）和阶段Ⅱ（2006~2014 年）。

表 10-1　2000~2014 年河南省畜养产污量核算　　（单位：万 t）

年份	粪便	尿液	COD	TN	TP	Cu	Zn
2000 年	4565.11	4427.25	915.37	50.77	7.93	0.10	0.30
2001 年	4967.69	4822.78	997.87	55.41	8.69	0.11	0.33
2002 年	5178.73	5027.12	1041.88	58.22	9.10	0.12	0.34
2003 年	5405.21	5275.25	1091.79	61.84	9.64	0.13	0.37
2004 年	5697.87	5593.78	1155.16	66.07	10.32	0.13	0.39
2005 年	6046.98	5967.17	1231.86	71.31	11.16	0.14	0.43
2006 年	5151.72	5019.60	1055.15	62.57	9.61	0.13	0.37
2007 年	5295.63	4983.92	1079.07	62.10	9.79	0.12	0.37
2008 年	5545.25	5285.08	1135.30	66.33	10.46	0.13	0.39
2009 年	5835.85	5533.00	1199.21	70.59	11.13	0.14	0.42
2010 年	6090.73	5743.14	1256.35	74.47	11.74	0.14	0.44
2011 年	6055.81	5720.77	1250.70	74.34	11.73	0.14	0.44
2012 年	6149.55	5870.15	1276.58	77.07	12.11	0.15	0.46
2013 年	6212.70	5998.77	1293.44	78.84	12.35	0.15	0.47
2014 年	6307.53	6165.88	1315.67	80.67	12.60	0.16	0.48

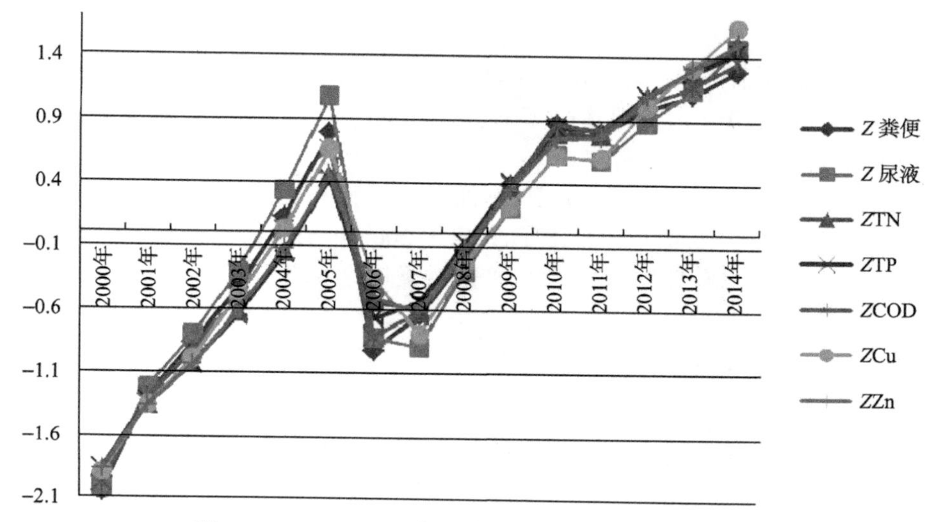

图 10-1 2000~2014 年河南省畜养产污量 Z 标准化

2006 年之前的畜牧业处于全面发展阶段（1996~2006 年），畜牧业发展成为中国农业发展的重点，畜牧业养殖方式向规模化、专业化和集约化转变，依靠科技加快畜牧业结构优化和产业化经营步伐，期间中国规模化畜禽养殖处于慢速增长阶段；畜牧业现代化发展阶段（2007~至今），畜牧业的综合生产能力和整体科技水平得到显著增强和提高，畜牧业向技术集约型、资源高效利用型和环境友好型转变，畜产品有效供给和质量安全得到保障，畜牧业发展的生态环境得到有效管理控制，总体上向现代畜牧业生产体系发展，期间中国规模化畜禽养殖处于快速增长阶段。

粪便产生量，在阶段Ⅰ，从 4565.11 万 t 增加到 6046.98 万 t，相比 2000 年增加约 32.5%；在阶段Ⅱ，从 5151.72 万 t 增加到 6307.53 万 t，相比 2006 年增加约 22.4%。从 2000~2014 年整个时间段看，河南省畜养粪便产生量增加约 38.2%。

尿液产生量，在阶段Ⅰ，从 4427.25 万 t 增加到 5967.17 万 t，相比 2000 年增加约 34.8%。在阶段Ⅱ，从 5019.60 万 t 增加到 6165.88 万 t，相比 2006 年增加约 22.8%。从 2000~2014 年整个时间段看，河南省畜养产污尿液产生量增加约 39.3%。

COD 产生量，在阶段Ⅰ，从 915.37 万 t 增加到 1231.86 万 t，相比 2000 年增加约 34.6%。在阶段Ⅱ，从 1055.15 万 t 增加到 1315.67 万 t，相比 2006 年增加约 24.7%。从 2000~2014 年整个时间段看，河南省畜养产污 COD 产生量增加约 43.7%。

总氮（TN）产生量，在阶段Ⅰ，从 50.77 万 t 增加到 71.31 万 t，相比 2000 年增加约 40.5%。在阶段Ⅱ，从 62.57 万 t 增加到 80.67 万 t，相比 2006 年增加约 28.9%。从 2000~2014 年整个时间段看，河南省畜养产污总氮产生量增加约 58.9%。

总磷（TP）产生量，在阶段Ⅰ，从 7.94 万 t 增加到 11.16 万 t，相比 2000 年增加约 40.7%。在阶段Ⅱ，从 9.61 万 t 增加到 12.60 万 t，相比 2006 年增加约 31.2%。

从 2000~2014 年整个时间段看，河南省畜养产污总磷产生量增加约 58.8%。

Cu 产生量，在阶段Ⅰ，从 0.10 万 t 增加到 0.14 万 t，相比 2000 年增加约 40.8%。在阶段Ⅱ，从 0.13 万 t 增加到 0.16 万 t，相比 2006 年增加约 25.4%。从 2000~2014 年整个时间段看，河南省畜养产污 Cu 产生量增加约 56.3%。

Zn 产生量，在阶段Ⅰ，从 0.30 万 t 增加到 0.43 万 t，相比 2000 年增加约 41.7%。在阶段Ⅱ，从 0.37 万 t 增加到 0.48 万 t，相比 2006 年增加约 29.0%。从 2000~2014 年整个时间段看，河南省畜养产污 Zn 产生量增加约 60.5%。

10.4　2000~2014 年河南畜养产污农田消纳及承载负荷

2000~2014 年河南省畜养产污粪便的农田消纳及承载负荷核算结果如表 10-2 所示。

表 10-2　2000~2014 年河南省畜养粪便的农田消纳及承载负荷

年份	$GAPF_{TN}$	MCL_{TN}	$GAPF_{TP}$	MCL_{TP}
2000 年	38.65	0.23	6.04	0.17
2001 年	42.21	0.25	6.62	0.19
2002 年	43.58	0.26	6.81	0.19
2003 年	45.19	0.27	7.05	0.20
2004 年	47.92	0.28	7.48	0.21
2005 年	51.22	0.30	8.02	0.23
2006 年	44.71	0.26	6.86	0.20
2007 年	44.08	0.26	6.95	0.20
2008 年	46.89	0.28	7.40	0.21
2009 年	49.78	0.29	7.85	0.22
2010 年	52.26	0.31	8.24	0.24
2011 年	52.14	0.31	8.22	0.23
2012 年	54.04	0.32	8.49	0.24
2013 年	55.04	0.32	8.62	0.25
2014 年	56.11	0.33	8.76	0.25

注：农田消纳单位为 kg/hm^2，承载负荷为比值。

在阶段Ⅰ，河南省畜养产污总氮的农田消纳值从 2000 年的 38.65 kg/hm^2 提升到 2005 年的 51.22 kg/hm^2，相比 2000 年增加约 32.5%。相应的，其承载负荷从 0.23 提高到 0.30。在阶段Ⅱ，河南省畜养产污总氮的农田消纳值从 2006 年的 44.71 kg/hm^2 提升到 2014 年的 56.11 kg/hm^2，相比 2006 年增加约 25.5%。相应的，其承载负荷从 0.26 提高到 0.33。从 2000~2014 年整个时间段看，河南省畜养产污总氮的农田消纳值从 2000 年到 2014 年增加约 45.2%。相应的，其承载负荷从 0.23 提高到 0.33。

在阶段Ⅰ，河南省畜养产污总磷的农田消纳值从 2000 年的 6.04 kg/hm^2 提升到

2005 年的 8.02 kg/hm^2，相比 2000 年增加约 32.7%。相应的，其承载负荷从 0.17 提高到 0.23。在阶段Ⅱ，河南省畜养产污总磷的农田消纳值从 2006 年的 6.86 kg/hm^2 提升到 2014 年的 8.76 kg/hm^2，相比 2006 年增加约 27.7%。相应的，其承载负荷从 0.20 提高到 0.25。从 2000~2014 年整个时间段看，河南省畜养产污总磷的农田消纳值从 2000 年到 2014 年增加约 45.1%。相应的，其承载负荷从 0.17 提高到 0.25。

10.5　一些思考与对策分析

根据河南省畜养产污、农田消纳及承载负荷的计算结果，将阶段Ⅰ、阶段Ⅱ及全阶段各污染物增长率整理成图 10-2，有如下规律：

（1）各污染物及 TN、TP 农田消纳在阶段Ⅰ的增长率（年均 7%左右）普遍高于各自在阶段Ⅱ的增长率（年均 3%左右），这种情况在年均增长率上更加显著。阶段Ⅰ处于中国畜牧业全面发展阶段，规模化畜禽养殖慢速增长，但在注重规模增长的同时却忽视了专业化和污染物的处理，导致该阶段畜养产污的增长率偏高。阶段Ⅱ处于中国畜牧业现代化发展阶段，科技因素的引入带来了规模化、专业化的成熟发展，该阶段畜养产污得到一定治理，增长率较阶段Ⅰ有所下降。

（2）TN、TP、Cu、Zn 在阶段Ⅰ和整个时段的增长率高于其他污染物，阶段Ⅱ中 TN、TP 与 Zn 的增长率高于其他污染物。

（3）在整个时段，TN、TP、Cu、Zn 增长在六成左右，粪便、尿液、COD、TN 与 TP 的农田消纳增长在四成左右。TN、TP 年均增长约 4%，其余年均增长约 3%。

方法层面，本书研究在进行污染物产生量核算时采用的核算系数区分了不同畜种的养殖周期和每个畜种养殖过程的不同阶段，加上不同畜种在研究时段内的结构化变动，各个污染物按照系数单独核算，是一个综合的矩阵核算方法。发现规律（2）和（3）中不同污染物变化的差异性规律体现了这种综合计算的优势。

针对以上规律，在制定河南省域畜养产污应对策略时，可做以下考虑：

（1）河南省畜养产污阶段性明显，高增长的阶段Ⅰ已经过去，目前处于相对稳定增长的阶段Ⅱ，且持续时间较长。管理、治理政策的制定也应适应当前阶段的增长规律，持续一定时期。

（2）在治理畜养污染物时，应有的放矢，主要瞄准增长率较高的 TN、TP、Cu 和 Zn，重点是 TN 与 TP 的处理。氮磷是作物生长所需的重要养分，经过堆肥处理的畜禽粪便是高效的天然有机肥料。根据袁彩凤等（2012）的研究，2007 年河南省粪便综合利用率为 82%，堆沤还田利用占 48%，双孢菇种植利用占 25%，沼气化利用占 9%。在现有畜禽粪便消纳方式的基础上，引导果园、菜地施用畜禽粪便有机肥，引导生态农场优先施用，形成以大田为主，设施农业和生态农场为辅，其他方式补充的农田消纳模式。

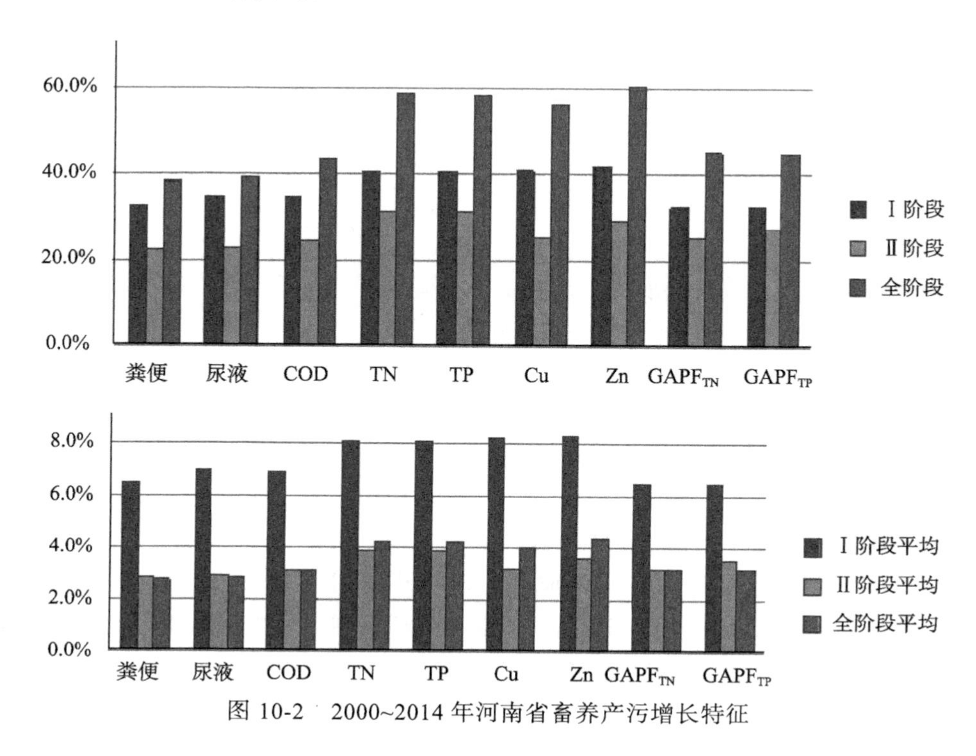

图 10-2　2000~2014 年河南省畜养产污增长特征

（3）养殖量与作物种植的农田面积均有不同程度的变化，作物种植面积的增加能够在一定程度上缓解 TN、TP 的排放。当 MCL 取值为 1 时为满负荷，而按照目前的状况，河南省畜养粪便 TN 的最大 MCL 值为 0.33，TP 的最大 MCL 值为 0.25。因此，只要河南省三分之一的作物种植面积用于畜养产污 TN 的消纳，四分之一的农田面积用于 TP 的消纳就足够了。总体上，引导三分之一的作物种植面积用于畜养产污的农田消纳可满足畜养产污资源利用需要。

需要说明的是，本书研究中未考虑畜禽粪便清扫、堆积过程中的氮损失率，是根据核算结果的理论化解释，若考虑相关学者研究中给出的清扫和堆积中的氮损失率，河南省畜养产污的氮消纳会进一步降低。

总之，经过河南省畜养产污核算、农田消纳及承载负荷计算、增长规律和对策分析等研究，本书研究探索了对接污染源普查畜种和污染物的省域畜养产污核算方法，以河南省为例的省域畜养产污研究也得到了一些可供相关研究人员和管理人员参考的研究结论，总结如下：

（1）本书研究中的省域畜养产污核算方法，基于第一次全国污染源普查畜禽养殖业源的产排污系数，按照不同畜种不同养殖周期的天数为基准核算产污量，核算结果的基本规律与相关学者前期的研究一致，能够为省域畜养产污尤其是河南省畜养产污规律的相关研究提供借鉴。

（2）河南省畜养产污核算结果表明，2000~2014 年河南省畜养产污存在阶段性特点。2006 年之前的阶段Ⅰ，各污染物的增长率普遍较快；2006 年之后的阶段Ⅱ，各污染物的增长率相对较慢。

（3）本书研究核算方法综合了各畜种养殖周期、养殖阶段和在研究时段内的结构化变动，能够探索出不同畜养污染物在研究期内的变化差异性，结果表明河南省畜养产污增长速度存在差异性。从污染物增长率来看，TN、TP、Cu 和 Zn 增长最快，在 2000~2014 年整个时段均超过其他污染物。

（4）现阶段，河南省畜养产污 TN 和 TP 的农田消纳和承载负荷压力不大，在不考虑土壤环境自身的氮、磷含量情况下，以全部畜养污染物产生量为农田消纳的核算基准，则引导三分之一的作物种植面积用于畜养产污的农田消纳就能够满足畜养产污资源利用的需要。考虑到土壤养分情况、交通运输成本等因素，河南省畜养污染物的消纳需要政策引导和空间配额优化。

参 考 文 献

蔡进忠，李春花. 2010. 青海省畜禽寄生虫虫种资源与分布[J]. 中国动物传染病学报，18(1): 64-67.

陈传康，伍光和，李昌文. 1993. 综合自然地理学[M]. 北京：高等教育出版社.

陈敏鹏，陈吉宁，赖斯芸. 2006. 中国农业和农村污染的清单分析与空间特征识别[J]. 中国环境科学, (6): 751-755.

陈述彭. 1990. 自然区划方法与制图实践.地学的探索（第一卷）：地理学[M]. 北京：科学出版社.

陈述彭. 2001. 地理科学的信息化与现代化[J]. 中国科学院院刊, (4): 289-291.

陈媛媛，王永生，易军，等. 2011. 黄河下游灌区河南段农业非点源污染现状及原因分析[J]. 中国农学通报, 27(17): 265-272.

陈勇. 2010. 陕西省农业非点源污染评价与控制研究[D]. 杨凌：西北农林科技大学.

陈永波. 2002. 滑坡危险度区划研究[D]. 成都：西南交通大学.

崔国庆，潘巧莲，岳草子，等. 2019. 河南畜牧业生产形势及未来发展思考[J].中国畜牧杂志, 55(3): 110-114.

崔功豪，魏清泉，陈宗兴. 1999. 区域分析与规划[M]. 北京：高等教育出版社.

崔国庆，庞同现，岳草子. 2018. 对河南省生猪产业发展的思考[J]. 中国畜牧杂志, 54(2): 129-133.

崔键，马友华，赵艳萍,等. 2006. 农业面源污染的特性及防治对策[J]. 中国农学通报，(1): 335-340.

邓敏，刘启亮，李光强，等. 2011. 空间聚类分析及应用[M]. 北京：科学出版社.

邓羽，刘盛和，张文婷，等. 2009. 广义多维云模型及在空间聚类中的应用[J]. 地理学报，64(12): 1439-1447.

丁恩俊，谢德体. 2008. 国内外农业面源污染研究综述[A]//全国农业面源污染综合防治高层论坛论文集[C]. 中国农学会,6.

丁永良，虞宗敢，黄一心，等. 1999. 畜禽粪便与河道污染的综合治理[J]. 渔业现代化, (4): 3-6.

董红敏，朱志平，黄宏坤，等. 2011. 畜禽养殖业产污系数和排污系数计算方法[J]. 农业工程学报, 27 (1): 303-308.

段华平. 2010. 农业非点源污染控制区划方法及其应用研究[D]. 南京：南京农业大学.

樊霞. 2004. 肉牛甲烷排放与粪便肥料成分含量快速预测方法和模型的研究[D]. 北京：中国农业大学.

范良千. 2011. 流域非点源贡献率核定及总量负荷分配研究[D]. 杭州：浙江大学.

封志明，唐焰，杨艳昭，等. 2008. 基于 GIS 的中国人居环境指数模型的建立与应用[J]. 地理学报, 63(12): 1327-1336.

付强，诸云强，孙九林，等. 2012. 中国畜禽养殖的空间格局与重心曲线特征分析[J]. 地理学报, 67(10): 1383-1398.

高定，陈同斌，刘斌，等. 2006. 我国畜禽养殖业粪便污染风险与控制策略[J]. 地理研究，(2):

311-319.
高福才. 2016. 聊城市家禽养殖户禽流感防疫认知和水平的调查[D]. 泰安: 山东农业大学.
顾朝林, 张晓明, 刘晋媛, 等. 2007. 盐城开发空间区划及其思考[J]. 地理学报, (8): 787-798.
顾颖. 2011. 巢湖流域地下水硝态氮时空分布格局研究[D]. 北京: 中国农业科学院.
郭鸿鹏, 朱静雅, 杨印生. 2008. 农业非点源污染防治技术的研究现状及进展[J]. 农业工程学报,(4): 290-295.
郭金松, 胡时庆. 2006. 浅议畜禽养殖小区的宜与忌[J]. 现代农业科技, (1): 82.
郭磊, 张立中. 2015. 我国牛肉供给面临的困境与应对措施[J]. 中国畜牧杂志, 51(4):20-24.
郝芳华, 程红光, 杨胜天. 2006. 非点源污染模型——理论方法与应用[M]. 北京: 中国环境科学出版社.
何萍, 王家骥. 1999. 非点源(NPS)污染控制与管理研究的现状、困境与挑战[J]. 农业环境保护, (5): 234-237, 240.
洪小康, 李怀恩. 2000. 水质水量相关法在非点源污染负荷估算中的应用[J]. 西安理工大学学报, (4):384-386.
侯学煜, 姜恕, 陈昌笃, 等. 1963. 对于中国各自然区的农、林、牧、副、渔业发展方向的意见[J]. 科学通报, (9): 8-26.
胡云峰, 王倩倩, 刘越, 等. 2011. 国家尺度社会经济数据格网化原理和方法[J]. 地球信息科学学报,13(5):573-578.
胡兆量. 1991. 地理学的基本规律[J]. 人文地理,(1): 9-13.
胡峥峥. 2001. 预测家禽粪便肥料成分含量的试验研究[D]. 北京: 中国农业大学.
黄秉维. 1959. 中国综合自然区划草案[J]. 科学通报, (18): 594-602.
黄秉维. 2003a. "中国陆地系统科学与区域可持续发展战略" 预研究的结论和意见//《黄秉维文集》编辑组. 地理学综合研究——黄秉维文集[M]. 北京: 商务印书馆: 292-293.
黄秉维. 2003b. 新时期区划工作应当注意的几个问题//《黄秉维文集》编辑组. 地理学综合研究——黄秉维文集[M]. 北京: 商务印书馆: 350-352.
黄芳. 2010. 水土污染空间分析及源辨析[D]. 杭州: 浙江大学.
黄芬. 2009. 基于 GIS 与模型的小麦籽粒品质生态区划研究[D]. 南京: 南京农业大学.
黄现民, 王洪涛. 2008. 山东省环渤海地区农业面源污染防治对策研究[J]. 安徽农业科学, (15):6300-6303.
景贵和. 1986. 综合自然地理学[M]. 长春: 东北师范大学出版社.
孔源, 韩鲁佳. 2002. 我国畜牧业粪便废弃物的污染及其治理对策的探讨[J]. 中国农业大学学报,(6): 92-96.
赖珺. 2010. 可持续发展视角下的滇池流域农业面源污染防治研究[D]. 成都: 四川省社会科学院.
赖斯芸, 杜鹏飞, 陈吉宁. 2004. 基于单元分析的非点源污染调查评估方法[J]. 清华大学学报(自然科学版),(9): 1184-1187.
李怀恩. 2000. 估算非点源污染负荷的平均浓度法及其应用[J]. 环境科学学报, (4):397-400.
李健忠, 庞明, 叶朝霞, 等. 2008. 我国农业非点源污染研究进展及其防治措施[J]. 广州化学, (2): 54-58,79.
李莉. 2003. 预测蛋鸡粪便肥料成分含量的试验研究[D]. 北京: 中国农业大学.
李莉, 王海清. 2005. 地理空间数据挖掘与知识发现——地理单元数据集的研究与开发[J]. 测绘科学, (3): 24-27, 23.
李强坤. 2010. 青铜峡灌区农业非点源污染负荷及控制措施研究[D]. 西安: 西安理工大学.
李善宏. 2015. 河南省生猪产业竞争力研究[D]. 石河子: 石河子大学.
李帷. 2010. 畜禽粪便污染风险及对土壤吸附抗生素的影响研究[D]. 北京: 中国科学院地理科学与资源研究所.
李帷, 李艳霞, 杨明, 等. 2010. 北京市畜禽养殖的空间分布特征及其粪便耕地施用的可达性[J]. 自然资源学报, (5): 746-755.
李帷, 李艳霞, 张丰松, 等. 2007. 东北三省畜禽养殖时空分布特征及粪便养分环境影响研究[J]. 农业环境科学学报, (6): 2350-2357.
李新艳, 李恒鹏. 2012. 中国大气 NH_3 和 NO_x 排放的时空分布特征[J]. 中国环境科学, 32 (1): 37-42.
李滋睿. 2010. 我国重大动物疫病区划研究[D]. 北京: 中国农业科学院.
刘爱民, 强文丽, 王维方, 等. 2011. 我国畜禽养殖方式的区域性差异及演变过程研究[J]. 自然资源学报, 26(4): 552-561.
刘常海, 张明顺. 1994. 环境管理[M]. 北京: 中国环境科学出版社.
刘春鹏, 肖海峰. 2016. 中国牛肉供求现状及趋势分析[J]. 农业经济与管理, (4):79-87.
刘晓玲, 宋照亮, 单胜道, 等. 2011. 畜禽粪肥施加对嘉兴水稻土总磷、有机磷和有效磷分布的影响[J]. 浙江农林大学学报, 28(1): 33-39.
刘巽浩, 韩湘玲, 等. 1987. 中国耕作制度区划[M]. 北京: 北京农业大学出版社.
刘燕华, 郑度, 葛全胜, 等. 2005. 关于开展中国综合区划研究若干问题的认识[J]. 地理研究, 24(3): 321-329.
刘忠, 增院强. 2010. 中国主要农区畜禽粪尿资源分布及其环境负荷[J]. 资源科学, 32(5): 946-950.
柳建国. 2009. 畜禽粪便污染的农业系统控制模拟及系统防控对策[D]. 南京: 南京农业大学.
罗开富. 1954. 中国自然地理分区草案[J]. 地理学报, (4): 379-394.
罗其友. 2010. 农业区域协调评价的理论与方法研究[D]. 北京: 中国农业科学院.
骆剑承, 梁怡, 周成虎. 1999. 基于尺度空间的分层聚类方法及其在遥感影像分类中的应用[J]. 测绘学报, (4): 319-324.
马国霞, 於方, 曹东, 等. 2012. 中国农业面源污染物排放量计算及中长期预测[J]. 环境科学学报, 32(2): 489-497.
马林, 王方浩, 刘东, 等. 2006a. 河北省畜禽粪尿养分资源分布及其污染潜力分析[J]. 河北农业大学学报,(6): 99-103.
马林, 王方浩, 马文奇, 等. 2006b. 中国东北地区中长期畜禽粪尿资源与污染潜势估算[J]. 农业工程学报,(8): 170-174.
马永喜. 2010. 规模化畜禽养殖废弃物处理的技术经济优化研究[D]. 杭州: 浙江大学.
茅鼎祥.1987. 也谈等标污染负荷的概念[J]. 中国环境监测,(5): 64.
孟祥海, 周海川, 张俊飚. 2015. 中国畜禽污染时空特征分析与环境库兹涅茨曲线验证[J]. 干旱区资源与环境, 29(11): 104-108.
莫海霞, 仇焕广, 王金霞, 等. 2011. 我国畜禽排泄物处理方式及其影响因素[J]. 农业环境与发展, 28(6): 59-64.

欧阳. 2009. 新疆生态保育与重建区划研究[D]. 北京: 中国科学院研究生院.
欧阳克蕙, 王文君, 周萍芳, 等. 2009. 江西省畜禽粪尿资源分布及其污染潜势估算[J]. 江西农业大学学报. 31(4): 616-620.
裴韬, 周成虎, 骆剑承, 等. 2001. 空间数据知识发现研究进展评述[J]. 中国图象图形学报, (9): 42-48.
彭来真, 刘琳琳, 张寿强, 等. 2010. 福建省规模化养殖场畜禽粪便中的重金属含量[J]. 福建农林大学学报(自然科学版),39 (5): 523-527.
彭里. 2009. 重庆市畜禽粪便的土壤适宜负荷量及排放时空分布研究[D]. 重庆: 西南大学.
彭里, 古文海, 魏世强, 等. 2006. 重庆市畜禽粪便排放时空分布研究[J].中国生态农业学报,(4): 213-216.
彭新宇, 张陆彪. 2009. 农村环保有法才能有治——从立法角度看我国畜禽养殖污染防治[J]. 环境经济, (Z1): 85-89.
钱晓雍. 2011. 上海淀山湖区域农业面源污染特征及其对淀山湖水质的影响研究[D]. 上海: 复旦大学.
钱秀红. 2001. 杭嘉湖平原农业非点源污染的调查评价及控制对策研究[D]. 杭州: 浙江大学.
秦昆, 徐敏. 2008. 基于云模型和 FCM 聚类的遥感图像分割方法[J]. 地球信息科学, (3): 302-307.
覃文忠. 2007. 地理加权回归基本理论与应用研究[D]. 上海: 同济大学.
仇焕广, 廖绍攀, 井月, 等. 2013. 我国畜禽粪便污染的区域差异与发展趋势分析[J]. 环境科学, 34(7): 2766-2774.
曲环. 2007. 农业面源污染控制的补偿理论与途径研究[D]. 北京: 中国农业科学院.
任家琰. 1993. 山西省畜禽弓形虫感染分布调查[J]. 中国兽医寄生虫病, (1): 50-52.
任美锷, 包浩生. 1992. 中国自然区域及开发整治[M]. 北京: 科学出版社.
沈长江. 1989. 我国牧区的畜牧业[J]. 干旱区资源与环境,(4): 1-10.
沈根祥, 汪雅谷, 袁大伟. 1994. 上海市郊大中型畜禽场数量分布及粪尿处理利用现状[J]. 上海农业学报, (S1): 12-16.
石淑芹. 2009. 基于多源数据的吉林省玉米生产力区划研究[D]. 北京: 中国农业科学院.
史本广, 王盘洲, 田军辉. 2011. 基于投入产出理论的河南农业纵向比较分析[J]. 河南农业大学学报, 45(6): 721-725.
宋福忠. 2011. 畜禽养殖环境系统承载力及预警研究[D]. 重庆: 重庆大学.
苏杨. 2006. 警惕农村现代化进程中的环境污染——新农村建设中一个不可忽视的问题[J]. 中国发展观察,(5): 19-21.
孙丽娜, 梁冬梅, 马继力. 2011. 辽河源头区典型小流域农业非点源污染模拟[J]. 中国农村水利水电, (5): 33-35, 38.
邰义萍. 2010. 珠三角地区蔬菜基地土壤中典型抗生素的污染特征研究[D]. 广州: 暨南大学.
谭美英, 武深树, 邓云波, 等. 2011. 湖南省畜禽粪便排放的时空分布特征[J]. 中国畜牧杂志,47(14): 43-48.
唐莉华, 张思聪, 吕贤弼, 等. 2008. 南水北调东线工程淮河流域段农业面源污染负荷估算[J]. 农业环境科学学报, (4):1437-1441.
唐焰. 2008. 基于 GIS 的中国人居环境自然适宜性评价[D]. 北京: 中国科学院地理科学与资源研究所.

陶春，高明，徐畅，等. 2010. 农业面源污染影响因子及控制技术的研究现状与展望[J]. 土壤，42(7): 336-343.
田宜水. 2012. 中国规模化养殖场畜禽粪便资源沼气生产潜力评价[J]. 农业工程学报，28(8): 230-234.
田永中，陈述彭，岳天祥，等. 2004. 基于土地利用的中国人口密度模拟[J]. 地理学报，(2): 283-292.
汪开英，刘健，陈小霞，等. 2009. 浙江省畜禽业产排污测算与土地承载力分析[J]. 应用生态学报,20(12): 3043-3048.
汪清平，王晓燕. 2003. 畜禽养殖污染及其控制[J]. 首都师范大学学报(自然科学版), (2): 96-101.
王辉，董元华，张绪美，等. 2007. 江苏省集约化养殖畜禽粪便盐分含量及分布特征分析[J]. 农业工程学报,(11): 229-233.
王家耀. 2004. 空间信息系统原理[M]. 北京：科学出版社.
王江彦. 2011. 河南境内淮河流域农业非点源污染模拟研究[D]. 郑州：河南农业大学.
王劲峰，姜成晟，李连发. 2009. 空间抽样与统计推断[M]. 北京：科学出版社.
王劲峰，廖一兰，刘鑫. 2010. 空间数据分析教程[M]. 北京：科学出版社.
王军，傅伯杰，邱扬，等. 2000. 黄土丘陵小流域土壤水分的时空变异特征——半变异函数[J]. 地理学报, (4): 428-438.
王立刚，李虎，王迎春，等. 2011. 小清河流域畜禽养殖结构变化及其粪便氮素污染负荷特征分析[J]. 农业环境科学学报, 30(5): 986-992.
王晓燕. 2003. 非点源污染及其管理[M]. 北京：海洋出版社.
王亚东，江立方. 1994. 畜禽粪便流失对市郊水生态环境的影响初探[J]. 上海农业学报，(S1): 67-70.
王依贺，单东方，赵春江，等. 2012. 北京市大兴区农业面源污染普查数据应用分析[J]. 农机化研究, 34(6):189-193.
王永生. 2008. 甘肃公路自然区划框架体系研究[D]. 西安：长安大学.
王远飞，何洪林. 2007. 空间数据分析方法[M]. 北京：科学出版社.
魏风华. 2006. 河北省唐山市地质灾害风险区划研究[D]. 北京：中国地质大学.
魏学义，李宁. 2007. 辽宁省畜禽分布定位及重大动物疫病防控调度指挥系统建设推进现代畜牧业发展[J]. 现代畜牧兽医, (10): 1-2.
温铁军. 2007. 新农村建设中的生态农业与环保农村[J]. 环境保护,(1): 25-27.
吴传钧. 1991. 论地理学的研究核心——人地关系地域系统[J]. 经济地理, 11(3): 1-6.
吴春蕾，马友华，李英杰，等. 2010. SWAT 模型在巢湖流域农业面源污染研究中应用前景与方法[J]. 中国农学通报, 26(18):324-328.
吴丹. 2011. 太湖流域畜禽养殖非点源污染控制政策的实证分析[D]. 杭州：浙江大学.
吴绍洪. 1998. 综合区划的初步设想——以柴达木盆地为例[J]. 地理研究, (4): 367-374.
吴绍洪，尹云鹤，樊杰，等. 2010. 地域系统研究的开拓与发展[J]. 地理研究, 29(9): 1538-1545.
吴淑杭，姜震方，俞清英. 2002. 禽畜粪便污染现状与发展趋势[J]. 上海农业科技, (1): 9-10.
武继磊. 2005. Lattice 数据分析方法、模型及其应用[D]. 北京：中国科学院研究生院.
武淑霞. 2005. 我国农村畜禽养殖业氮磷排放变化特征及其对农业面源污染的影响[D]. 北京：中国农业科学院.

谢忠雷, 朱洪双, 李文艳, 等. 2011. 吉林省畜禽粪便自然堆放条件下粪便/土壤体系中 Cu、Zn 的分布规律[J]. 农业环境科学学报, 30(11): 2279-2284.
熊正琴, 邢光熹, 沈光裕, 等. 2002. 太湖地区湖、河和井水中氮污染状况的研究[J]. 农村生态环境, (2): 29-33.
许俊香, 刘晓利, 王方浩, 等. 2005. 中国畜禽粪尿磷素养分资源分布以及利用状况[J]. 河北农业大学学报, (4): 5-9.
闫丽珍, 石敏俊, 王磊. 2010. 太湖流域农业面源污染及控制研究进展[J]. 中国人口资源与环境, 20(1): 99-107.
杨春, 王国刚, 王明利. 2015. 基于局部均衡模型的我国牛肉供求变化趋势分析[J]. 统计与决策, (18): 98-100.
杨春, 王明利. 2015. 基于 Nerolve 模型的我国牛肉产品供给反应研究[J]. 农业经济, 1: 121-123.
杨春成. 2004. 空间数据挖掘中聚类分析算法的研究[D]. 郑州: 中国人民解放军信息工程大学.
杨海成, 熊露, 赵璞, 等. 2015. 生猪全产业链监测统计的问题、必要性及可行性——基于上海、河南的生猪产销调研[J]. 农业展望, 11(11):75-77, 82.
杨建云. 2004. 洱海湖区非点源污染与洱海水质恶化[J]. 云南环境科学, (S1): 104-105, 126.
杨景晁, 曲绪仙, 周开锋, 等. 2017. 我国家禽业发展存在的问题及其转型对策分析[J]. 中国家禽, 39(6): 70-73.
杨勤业, 吴绍洪, 郑度. 2002. 自然地域系统研究的回顾与展望[J]. 地理研究, (4): 407-417.
杨青山, 梅林. 2001. 人地关系、人地关系系统与人地关系地域系统[J]. 经济地理, 21(5): 532-537.
杨世琦, 韩瑞芸, 刘晨峰. 2016a. 中国畜禽粪便磷的农田消纳量及承载负荷研究[J]. 中国农学通报, 32(32): 111-116.
杨世琦, 韩瑞芸, 刘晨峰. 2016b. 省域尺度下畜禽粪便的农田消纳量及承载负荷研究[J]. 中国农业大学学报, 21(7): 142-151.
杨文坎. 2004. GIS 支持下的越南农业气候资源及其区划的研究[D]. 南京: 南京气象学院.
杨晓光. 2007. 基于自然和人文因素的区域划分及其发展战略研究: 对三个案例的思考[D]. 北京: 中国科学院研究生院.
杨增玲, 韩鲁佳, 刘依, 等. 2003. 基于物理指标快速预测猪粪尿肥料成分含量的试验研究[J]. 农业工程学报, (6): 276-280.
叶协锋. 2011. 河南省烟草种植生态适宜性区划研究[D]. 杨凌: 西北农林科技大学.
余炜敏. 2005. 三峡库区农业非点源污染及其模型模拟研究[D]. 重庆: 西南农业大学.
袁彩凤, 张飞, 张粉如, 等. 2012. 河南省畜禽养殖污染对环境影响研究[J]. 中国人口资源与环境, 22(S1): 44-48.
岳超俊. 2009. 中原城市群地质灾害风险区划研究[D]. 北京: 中国地质大学.
曾五一, 肖红叶. 2007. 统计学导论[M]. 北京:科学出版社.
张超. 2008. 水土保持区划及其系统架构研究[D]. 北京: 北京林业大学.
张春丽. 2014. 河南省生猪产业垂直协作模式研究[D]. 成都: 四川农业大学.
张凤娟. 2013. 中国家禽产品出口贸易影响因素的实证研究[D]. 泰安: 山东农业大学.
张克强, 高怀友. 2004. 畜禽养殖业污染物处理与处置[M]. 北京: 化学工业出版社.
张维理, 冀宏杰, Kolbe H, 等. 2004a. 中国农业面源污染形势估计及控制对策Ⅱ. 欧美国家农业面源污染状况及控制[J]. 中国农业科学, (7): 1018-1025.

张维理, 武淑霞, 冀宏杰, 等. 2004b. 中国农业面源污染形势估计及控制对策Ⅰ. 21 世纪初期中国农业面源污染的形势估计[J]. 中国农业科学, (7): 1008-1017.
张维理, 徐爱国, 冀宏杰, 等. 2004c. 中国农业面源污染形势估计及控制对策Ⅲ.中国农业面源污染控制中存在问题分析[J]. 中国农业科学, (7): 1026-1033.
章力建, 朱立志. 2005. 我国"农业立体污染"防治对策研究[J]. 农业经济问题, (2): 4-7, 79.
赵丽莉, 朱远航, 宋俊杰, 等. 2013. 河南省畜禽养殖废弃物污染现状及防治对策[J]. 湖北农业科学, 52(22): 5446-5448, 5495.
郑度, 傅小锋. 1999. 关于综合地理区划若干问题的探讨[J]. 地理科学, (3): 2-6.
郑度, 葛全胜, 张雪芹, 等. 2005. 中国区划工作的回顾与展望[J]. 地理研究, (3): 330-344.
郑度, 欧阳, 周成虎. 2008. 对自然地理区划方法的认识与思考[J]. 地理学报, (6): 563-573.
郑度, 杨勤业, 赵名茶. 1997. 自然地域系统研究[M]. 北京: 中国环境科学出版社.
钟少波. 2006. GIS 和遥感应用于传染病流行病学研究[D]. 北京: 中国科学院研究生院.
朱超锋. 2011. 提升河南省生猪及猪肉出口竞争力的对策研究[J].商业文化(上半月), (3): 349-350.
朱建春, 张增强, 樊志民, 等. 2014. 中国畜禽粪便的能源潜力与氮磷耕地负荷及总量控制[J]. 农业环境科学学报, 33(3): 435-445.
朱梅. 2011. 海河流域农业非点源污染负荷估算与评价研究[D]. 北京: 中国农业科学院.
朱学伸. 2011. 家禽"类 PSE 肉"的品质特性及其改善因素研究[D]. 南京: 南京农业大学.
朱兆良, Norse D, 孙波. 2006. 中国农业面源污染控制对策[M]. 北京: 中国环境科学出版社.
竺可桢. 1930. 中国气候区域论[J]. 地理杂志, 3(2): 438.
邹桂红. 2007. 基于 AnnAGNPS 模型的非点源污染研究[D]. 青岛: 中国海洋大学.
Khokhar S G. 2015. 基于食品安全和能源效率视角的家禽供应链研究[D]. 大连: 大连理工大学.
Aarnink A, van Ouwerkerk E, Verstegen M. 1992. A mathematical model for estimating the amount and composition of slurry from fattening pigs[J]. Livestock Production Science, 31(1): 133-147.
Acosta-Martinez V, Zobeck T, Allen V. 2004. Soil microbial, chemical and physical properties in continuous cotton and integrated crop-livestock systems[J]. Soil Science Society of America Journal, 68(6): 1875-1884.
Al-Adamat R A N, Foster I D L, Baban S M J. 2003. Groundwater vulnerability and risk mapping for the Basaltic aquifer of the Azraq basin of Jordan using GIS, Remote sensing and DRASTIC[J]. Applied Geography, 23(4): 303-324.
Aldstadt J. 2010. Spatial Clustering[M]. Berlin: Springer.
Anselin L. 1995. Local indicators of spatial association—LISA[J]. Geographical Analysis, 27(2): 93-115.
Anselin L. 1998. GIS research infrastructure for spatial analysis of real estate markets[J]. Journal of Housing Research, 9(1): 113-133.
Arnold J G, Allen P M, Bernhardt G. 1993. A comprehensive surface-groundwater flow model[J]. Journal of Contaminant Hydrology, 142(1-4): 47-69.
Atkinson P M, German S E, Sear D A, et al. 2003. Exploring the relations between riverbank erosion and geomorphological controls using geographically weighted logistic regression[J]. Geographical Analysis, 35(1): 58-82.
Basnet B B, Apan A A, Raine S R. 2002. Geographic information system based manure application plan[J]. Journal of Environmental Management, 64(2): 99-113.
Birant D, Kut A. 2007. ST-DBSCAN: An algorithm for clustering spatial-temp oral data[J]. Data & Knowledge Engineering, 60(1): 208-221.

Blaha D, Bartlett K, Czepiel P, et al. 1999. Natural and anthropogenic methane sources in New England[J]. Atmospheric Environment, 33(2): 243-255.

Boers P C M. 1996. Nutrient emissions from agriculture in the Netherlands, causes and remedies[J]. Water Science and Technology, 33(4-5): 183-189.

Bogaert P, D'Or D. 2002. Estimating soil properties from thematic soil maps: the Bayesian maximum entropy approach[J]. Soil Science Society of America Journal, 66(5): 1492-1500.

Bohm M, Palphramand K L, Newton-Cross G, et al. 2008. The spatial distribution of badgers, setts and latrines: The risk for intra-specific and badger-livestock disease transmission[J]. Ecography, 31(4): 525-537.

Boxall A B A, Fogg L A, Pemberton E J, et al. 2004. Prioritization, modeling and monitoring of veterinary medicines in the UK environment[J]. Abstracts of Papers of the American Chemical Society, 228: U617.

Bragato G. 2004. Fuzzy continuous classification and spatial interpolation in conventional soil survey for soil mapping of the lower Piave plain[J]. Geoderma, 118(1-2): 1-16.

Brandjes P, Wit J D, Keulen H V, et al. 1995. Environmental impact of manure management//Impact Domain Study for the FAO/WB Study on Livestock and the Environment[M]. The Netherlands; Final Draft. Wageningen, The Netherlands: International Agricultural Centre.

Bricker S B. Center for Coastal Monitoring and Assessment (U.S.), United States National Oceanic and Atmospheric Administration, et al. 1999. National Estuarine Eutrophication Assessment: Effects of Nutrient Enrichment in the Nation's Estuaries[M]. Silver Spring, MD: U.S. Dept. of Commerce, National Oceanic and Atmospheric Administration, National Ocean Service, Special Projects Office.

Bridges T, Turner L, Cromwell G, et al. 1995. Modeling the effects of diet formulation on nitrogen and phosphorus excretion in swine waste[J]. Applied Engineering in Agriculture, 11(5): 731-739.

Bruulsema T. 2004. Nutrients And Their Impacts on the Canadian Environment[R].

Budiansky S. 1980. Dispersion modeling[J]. Environment Science & Technology, 14(4): 370-374.

Bull L, Sandretto C. 1996. Crop residue management and tillage system trends[J]. Statistical Bulletin-United States Department of Agriculture, (930).

Candela L. 1991. Diffused pollution of groundwater by agriculture - a study in the Maresme Area of Barcelona, Spain[J]. Proceedings of International Conference on Environmental Pollution, 1-2: 841-848.

Cang L, Wang Y, Zhou D, et al. 2004. Heavy metals pollution in poultry and livestock feeds and manures under intensive farming in Jiangsu Province, China[J]. Journal of Environmental Sciences, (3): 371-374.

Carpenter S R, Caraco N F, Correll D L, et al. 1998. Nonpoint pollution of surface waters with phosphorus and nitrogen[J]. Ecological Applications, 8(3): 559-568.

Cecchi G, Wint W, Shaw A, et al. 2010. Geographic distribution and environmental characterization of livestock production systems in Eastern Africa[J]. Agriculture Ecosystems & Environment, 135(1-2): 98-110.

Chee-Sanford J C, Aminov R I, Krapac I J, et al. 2001. Occurrence and diversity of tetracycline resistance genes in lagoons and groundwater underlying two swine production facilities[J]. Applied and Environmental Microbiology, 67(4): 1494-1502.

Chen T, Liu X M, Zhu M Z, et al. 2008. Identification of trace element sources and associated risk assessment in vegetable soils of the urban-rural transitional area of Hangzhou, China[J]. Environmental Pollution, 151(1): 67-78.

Clanton C J, Gilbertson C B, Schulte D D, et al. 1988. Model for predicting the effect of nitrogen intake, body mass, and dietary calcium and phosphorus on manure nitrogen-content[J]. Transactions of the ASABE, 31(1): 208-214.

Cliff A D, Ord J K. 1981. Spatial Processes: Models & Applications[M]. Pion London.

Cochran M J, Govindasamy R. 1994. The feasibility of poultry litter transportation from environmentally sensitive areas to delta-row crop production[J]. American Journal of Agricultural

Economics, 76(5): 1250-1250.
Corwin D L, Loague K, Ellsworth T R. 1998. GIS-based modeling of non-point source pollutants in the vadose zone[J]. Journal of Soil and Water Conservation, 53(1): 34-38.
Crook F W. 1993. China's grain production economy: a review by regions[R]. Washington D C.
De Visser P H B, van Keulen H, Lantinga A E, et al. 2001. Efficient resource management in dairy farming on peat and heavy lay soils[J]. Netherlands Journal of Agricultural Science, 49(2-3): 255-276.
Delgado C L. 1999. Livestock to 2020: The Next Food Revolution[M]. Intl. Food Policy Res. Inst.
Dodd V A, Grace P M. 1989. Agricultural Engineering: Proceedings of the Eleventh International Congress on Agricultural Engineering, Dublin, 4-8 September 1989[M]. A. A. Balkema: CRC Press.
Dolliver H, Kumar K, Gupta S. 2007. Sulfamethazine uptake by plants from manure-amended soil[J]. Journal of Environmental Quality, 36(4): 1224-1230.
Douaik A, van Meirvenne M, Toth T. 2005. Soil salinity mapping using spatio-temporal kriging and Bayesian maximum entropy with interval soft data[J]. Geoderma, 128(3-4): 234-248.
Dunn S M, Vinten A J A, Lilly A, et al. 2005. Modelling nitrate losses from agricultural activities on a national scale[J]. Water Science and Technology, 51(3-4): 319-327.
Dzikiewicz M. 2000. Activities in nonpoint pollution control in rural areas of Poland[J]. Ecolgical Engineering, 14(4): 429-434.
Eghball B, Power J. 1994. Beef cattle feedlot manure management[J]. Journal Soil Water Conservation, 49(2): 113-122.
Engelbrecht T H. 1898. Die landbauzonen der aussertropischen länder[M]. Berlin: D. Reimer (E. Vohsen).
Eratosthenes R D W. 2010. Eratosthenes' Geography[M]. Princeton: Princeton University Press.
Estivill-Castro V, Lee I. 2002. Multi-level clustering and its visualization for exploratory spatial analysis[J]. Geoinformatica, 6(2): 123-152.
Everitt B S, Landau S, Leese M. 2001. Cluster Analysis. 4th ed[M]. London: Arnold.
Facchinelli A, Sacchi E, Mallen L. 2001. Multivariate statistical and GIS-based approach to identify heavy metal sources in soils[J]. Environmental Pollution, 114(3): 313-324.
Faruqui N I, Raschid L. 2005. Wastewater use in irrigated agriculture[J]. Appropriate Technology, 32(2): 52-53.
Foster S A, Gorr W L. 1986. An adaptive filter for estimating spatially-varying parameters - application to modeling police hours spent in response to calls for service[J]. Management Science, 32(7): 878-889.
Fotheringham A S, Brunsdon C, Charlton M. 2003. Geographically Weighted Regression: The Analysis of Spatially Varying Relationships[M]. John Wiley & Sons.
Fotheringham A S, Charlton M, Brunsdon C. 1996. The geography of parameter space: An investigation of spatial non-stationarity[J]. International Journal of Geographical Information Systems, 10(5): 605-627.
Fotheringham A S, Charlton M E, Brunsdon C. 1998. Geographically weighted regression: A natural evolution of the expansion method for spatial data analysis[J]. Environment and Planning A, 30(11): 1905-1927.
Foy R H, Withers P J A. 1995. The Contribution of Agricultural Phosphorus to Eutrophication[C]. Peterborough: International Fertiliser Society.
Fraser R H, Barten P K, Pinney D A K. 1998. Predicting stream pathogen loading from livestock using a geographical information system-based delivery model[J]. Journal of Environmental Quality, 27(4): 935-945.
Geary R C. 1954. The contiguity ratio and statistical mapping[J]. The Incorporated Statistician, 5(3): 115-146.
Gerared-Marchant P, Walter M T, Steenhuis T S. 2005. Simple models for phosphorus loss from manure during rainfall[J]. Journal of Environmental Quality, 34(3): 872-876.

Gerber P, Chilonda P, Franceschini G, et al. 2005. Geographical determinants and environmental implications of livestock production intensification in Asia[J]. Bioresource Technology, 96(2): 263-276.

Getis A, Ord J K. 1992. The analysis of spatial association by use of distance statistics[J]. Geographical Analysis, 24(3): 189-206.

Giupponi C, Vladimirova I. 2006. Ag-PIE: A GIS-based screening model for assessing agricultural pressures and impacts on water quality on a European scale[J]. Science of the Total Environment, 359(1-3): 57-75.

Giusquiani P, Concezzi L, Businelli M, et al. 1998. Fate of pig sludge liquid fraction in calcareous soil: Agricultural and environmental implications[J]. Journal of Environmental Quality, 27(2): 364-371.

Goktepe A B, Altun S, Sezer A. 2005. Soil clustering by fuzzy c-means algorithm[J]. Advances in Engineering Software, 36(10): 691-698.

Goldstein H. 2011. Multilevel Statistical Models[M]. 4th ed. Chichester, West Sussex: Wiley.

Gondwe N, Marcotty T, Vanwambeke S O, et al. 2009. Distribution and density of Tsetse Flies (Glossinidae: Diptera) at the game/people/livestock interface of the Nkhotakota game reserve human sleeping sickness focus in Malawi[J]. EcoHealth, 6(2): 260-265.

Goovaerts P, Jacquez G M. 2004. Accounting for regional background and population size in the detection of spatial clusters and outliers using geostatistical filtering and spatial neutral models: the case of lung cancer in Long Island, New York[J]. International Journal of Health Geographics, 3(1): 14.

Gorr W L, Olligschlaeger A M. 1994.Weighted spatial adaptive filtering: Monte Carlo studies and application to illicit drug market modeling[J]. Geographical Analysis, 26(1): 67-87.

Grunwald S, Frede H G. 1999. Using the modified agricultural non-point source pollution model in German watersheds[J]. Catena, 37(3-4): 319-328.

Gupta R K, Rudra R P, Dickinson W T, et al. 1997. Surface water quality impacts of tillage practices under liquid swine manure application[J]. Journal of the American Water Resources Association, 33(3): 681-687.

Haining R, Wise S, Ma J S. 1998. Exploratory spatial data analysis in a geographic information system environment[J]. Journal of the Royal Statistical Society Series D-the Statistician, 47: 457-469.

Hanesch M, Scholger R, Dekkers M J. 2001. The application of fuzzy c-means cluster analysis and non-linear mapping to a soil data set for the detection of polluted sites[J]. Physics and Chemistry Earth Part A-Solid Earth and Geodesy, 26(11-12): 885-891.

Henkens P L C M, van Keulen H. 2001. Mineral policy in the Netherlands and nitrate policy within the European Community[J]. Netherlands Journal of Agricultural Science, 49(2-3): 117-134.

Hijmans R J, Cameron S E, Parra J L, et al. 2005. Very high resolution interpolated climate surfaces for global land areas[J]. International Journal of Climatology, 25(15): 1965-1978.

Hobololo V L. 2009. Spatial distribution of blackfly (Diptera: Simuliildae) challenge for livestock farmers along the Vaal River, South Africa[J]. Journal of the South African Veterinary Association-tydskrif Van Die Suid-a, 80(2): 137-137.

Hooda P S, Truesdale V W, Edwards A C, et al. 2001. Manuring and fertilization effects on phosphorus accumulation in soils and potential environmental implications[J]. Advances in Environmental Research, 5(1): 13-21.

Houghton J T, Callander B A. 1992. Climate Change 1992: The Supplementary Report to the IPCC Scientific Assessment[M]. Cambridge: Cambridge Univ. Pr.

Huang G, Wu Q, Li F, et al. 2001. Chemical and biological evaluation of maturity of pig manure compost at different C/N ratios[J]. Pedosphere, (3): 243-250.

Hutchinson M. 2004. ANUSPLIN version 4.3. Centre for resource and environment studies[J]. Canberra: The Australian National University.

Hutchison M L, Avery S M, Monaghan J M. 2008. The air-borne distribution of zoonotic agents from livestock waste spreading and microbiological risk to fresh produce from contaminated irrigation

sources[J]. Journal of Applied Microbiology, 105(3): 848-857.
Inglis G D, Kalischuk L D, Busz H W. 2003. A survey of Campylobacter species shed in faeces of beef cattle using polymerase chain reaction[J]. Canadian Journal of Microbiology, 49(11): 655-661.
James E, Kleinman P, Veith T, et al. 2007. Phosphorus contributions from pastured dairy cattle to streams of the Cannonsville Watershed, New York[J]. Journal of Soil and Water Conservation, 62(1): 40-47.
Jerding G. 1998. Antibiotic Overkill Boosts Risks[N]. USA Today.
Kikin K K K. 1995. Prospects for Grain Supply-Demand Balance and Agricultural Development Policy in China[M]. Overseas Economic Cooperation Fund.
Knisel W G. 1980. CREAMS: A field-scale model for chemicals, runoff and erosion from agricultural management systems[J]. USDA Conservation Research Report, (26).
Kolpin D W, Furlong E T, Meyer M T, et al. 2002. Pharmaceuticals, hormones, and other organic wastewater contaminants in US streams, 1999-2000: A national reconnaissance[J]. Environmental Science & Technology, 36(6): 1202-1211.
Köppen W. 1884. Die Wärmezonen der Erde, nach der Dauer der heissen, gemässigten und kalten Zeit und nach der Wirkung der Wärme auf die organische Welt betrachtet[J]. Meteorologische Zeitschrift, 1: 215-226.
Kronvang B, Graesboll P, Larsen S E, et al. 1996. Diffuse nutrient losses in Denmark[J]. Water Science and Technology, 33(4-5): 81-88.
Lagacherie P, Cazemier D R, van Gaans P F M, et al. 1997. Fuzzy *k*-means clustering of fields in an elementary catchment and extrapolation to a larger area[J]. Geoderma, 77(2-4): 197-216.
LeSage J P. 1999. A spatial econometric examination of China's economic growth[J]. Annals of GIS, 5(2): 143-15.
LeSage J P. 2004. A family of geographically weighted regression models[J]. Advances in Spatial Econometrics Methodology, Tools and Applications, Springer, Berlin Heidelberg New York: 241-264.
Li Y, Shi Z, Li F, et al. 2007. Delineation of site-specific management zones using fuzzy clustering analysis in a coastal saline land[J]. Computers and Electronics in Agriculture,56(2): 174-186.
Li Z. 2007. Algorithmic Foundation of Multi-scale Spatial Representation[M]. Boca Raton: CRC Press.
Liao K, Guo D. 2008. A clustering based approach to the capacitated facility location problem1 [J]. Transactions in GIS, 12(3): 323-339.
Lin Y P, Chang T K, Teng T P. 2001. Characterization of soil lead by comparing sequential Gaussian simulation, simulated annealing simulation and Kriging methods[J]. Environment Geology, 41(1-2): 189-199.
Liu F, Mitchell C C, Odom J W, et al. 1998. Effects of swine lagoon effluent application on chemical properties of a loamy sand[J]. Bioresource Technology, 63(1): 65-73.
Liu H C, Zhang L P, Zhang Y Z, et al. 2008. Validation of an agricultural non-point source (AGNPS) pollution model for a catchment in the Jiulong River watershed, China[J]. Journal of Environmental Sciences-China, 20(5): 599-606.
Liu X M, Wu J J, Xu J M. 2006. Characterizing the risk assessment of heavy metals and sampling uncertainty analysis in paddy field by geostatistics and GIS[J]. Environmental Pollution, 141(2): 257-264.
Lu R S, Lo S L. 2002. Diagnosing reservoir water quality using self-organizing maps and fuzzy theory[J]. Water Research, 36(9): 2265-2274.
Ma K K Y, Ogilvie J R. 1998. MCLONE3: A decision support system for management of liquid dairy and swine manure[J]. Computers in Agriculture: 480-486.
Ma Y S, Tan X C, Shi Q Y. 2009. The Simulation of Agricultural Non-Point Source Pollution in Shuangyang River Watershed[C]. International Conference on Computer and Computing Technologies in Agriculture, 293: 553-561.

Malele I, Nyingilili H, Msangi A. 2011. Factors defining the distribution limit of tsetse infestation and the implication for livestock sector in Tanzania[J]. African Journal of Agricultural Research, 6(10): 2341-2347.

McGraw L. 1999. Animal agriculture—conception to consumption[J]. Agricultural Research, 47 (12): 28.

Mellon M, Benbrook C, Benbrook K L. 2001. Hogging it: Estimates of antimicrobial abuse in livestock[R]. Cambridge, Massachusetts: Union of Concerned Scientists.

Mennis J L, Jordan L. 2005. The distribution of environmental equity: Exploring spatial nonstationarity in multivariate models of air toxic releases[J]. Annals of Association American Geogra, 95(2): 249-268.

Merle R, Busse M, Rechter G, et al. 2012. Regionalisation of Germany by data of agricultural structures[J]. Berliner Und Munchener Tierarztliche Wochenschrift, 125(1-2): 52-59.

Merriam C H. 1898. Life Zones and Crop Zones of the United States[M]. Charleston: Nabu Press.

Miller H J, Han J. 2009. Geographic Data Mining and Knowledge Discovery[M]. 2nd ed. Boca Raton, FL: CRC Press.

Mohammed H, Yohannes F, Zeleke G. 2004. Validation of agricultural non-point source (AGNPS) pollution model in Kori watershed, South Wollo, Ethiopia[J]. International Journal of Applied Earth Observation and Geoinformation, 6(2): 97-109.

Moore P A, Daniel T C, Edwards D R. 2000. Reducing phosphorus runoff and inhibiting ammonia loss from poultry manure with aluminum sulfate[J]. Journal of Environmental Quality, 29(1): 37-49.

Moran P A P. 1948. The interpretation of statistical maps[J]. Journal of the Royal Statistical Society Series B (Methodological), 10(2): 243-251.

Moran P A P. 1950. Notes on continuous stochastic phenomena[J]. Biometrika, 37(1/2): 17-23.

Mur J, Lopez F, Angulo A. 2008. Symptoms of instability in models of spatial dependence[J]. Geographical Analysis, 40(2): 189-211.

Narrod C A, Reynnells R D, Wells H. 1994. Potential options for poultry waste utilization: A focus on the Delmarva peninsula[M]. Washington, D.C: United States Department of Agriculture and the Environmental Protection Agency.

Neumann K, Elbersen B S, Verburg P H, et al. 2009. Modelling the spatial distribution of livestock in Europe[J]. Landscape Ecology, 24(9): 1207-1222.

Novotný V. 1999. Diffuse pollution from agriculture - A worldwide outlook[J]. Water Science and Technology, 39(3): 1-13.

Novotný V, Chesters G. 1981. Handbook of Nonpoint Pollution: Sources and Management[M]. Van Nostrand Reinhold.

Odeh I O A, Mcbratney A B, Chittleborough D J. 1992. Soil pattern-recognition with fuzzy-C-means - application to classification and soil-landform interrelationships[J]. Soil Science Society of America Journal, 56(2): 505-516.

Oneill D H, Phillips V R. 1992. A review of the control of odour nuisance from livestock buildings: Part 3, Properties of the odorous substances which fave been identified in livestock wastes or in the air around them[J]. Journal of Agricultural Engineering Research, 53(1): 23-50.

Ongley E D. 1996. Control of Water Pollution from Agriculture[M]. Food & Agriculture Org.

Ongley E D, Zhang X L, Yu T. 2010. Current status of agricultural and rural non-point source pollution assessment in China[J]. Environmental Pollution, 158(5): 1159-1168.

Orhan H, Ozturk I, Dogan Z, et al. 2009. Examining structural distribution of livestock in Eastern and South-Eastern Anatolia of Turkey by multivariate statistics[J]. Journal of Animal and Veterinary Advances, 8(3): 481-487.

Ouyang Y, Nkedi-Kizza P, Wu Q T, et al. 2006. Assessment of seasonal variations in surface water quality[J]. Water Research, 40(20): 3800-3810.

Pace R K, LeSage J P. 2004. Spatial autoregressive local estimation[J]. Recent Advances in Spatial Econometrics, 3: 31-51.

Paez A. 2006. Exploring contextual variations in land use and transport analysis using a probit model with geographical weights[J]. Journal Transport Geography, 14(3): 167-176.
Park N.2004. Estimation of average annual daily traffic (AADT) using geographically weighted regression (GWR) method and geographic information system (GIS)[D]. Florida: Florida International University.
Pei T, Jasra A, Hand D J, et al. 2009. DECODE: a new method for discovering clusters of different densities in spatial data[J]. Data Mining and Knowledge Discovery, 18(3): 337-369.
Proffitt K M, Gude J A, Hamlin K L, et al. 2011. Elk distribution and spatial overlap with livestock during the brucellosis transmission risk period[J]. Journal of Applied Ecology, 48(2): 471-478.
Puangthongthub S, Wangwongwatana S, Kamens R M, et al. 2007. Modeling the space/time distribution of particulate matter in Thailand and optimizing its monitoring network[J]. Atmospheric Environment, 41(36): 7788-7805.
Qi H B, Li Z L. 2008. An approach to building grouping based on hierarchical constraints[C]. The International Archives of the Photogrammetry, Remote Sensing and Spatial Information Sciences, XXXVII. Part B2. Beijing.
Ribaudo M. 2003. Manure Management for Water Quality: Costs to Animal Feeding Operations of Applying Manure Nutrients to Land[M]. U. S. Department of Agriculture.Economic Research Service.
Robinson A H, Wallis H. 1967. Humboldt's map of isothermal lines: A milestone in thematic cartography[J]. The Cartographic Journal, 4(2): 119-123.
Rong G W, Wei W L. 2010. Causes and control countermeasures of agricultural non-point source pollution in Shaanxi section of Wei River Basin[J]. Proceedings of 2010 International Workshop on Diffuse Pollution-Management Measures and Control Technique, 47-51.
Rossi R E, Mulla D J, Journel A G, et al. 1992. Geostatistical tools for modeling and interpreting ecological spatial dependence[J]. Ecological Monographs, 62(2): 277-314.
Saam H, Powell J M, Jackson-Smith D B, et al. 2005. Use of animal density to estimate manure nutrient recycling ability of Wisconsin dairy farms[J]. Agricultural Systems, 84(3): 343-357.
Saizen I, Maekawa A, Yamamura N. 2010. Spatial analysis of time-series changes in livestock distribution by detection of local spatial associations in Mongolia[J]. Applied Geography, 30(4): 639-649.
Sanderson M A, Feldmann C, Schmidt J, et al. 2010. Spatial distribution of livestock concentration areas and soil nutrients in pastures[J]. Journal of Soil and Water Conservation, 65(3): 180-189.
Savelieva E, Demyanov V, Kanevski M, et al. 2005. BME-based uncertainty assessment of the Chernobyl fallout[J]. Geoderma, 128(3-4): 312-324.
Schlesinger W H. 1991. Biogeochemistry: An Analysis of Global Change[M]. Academic Press: 353-423.
Scotford I M, Cumby T R, Han L, et al. 1998. Development of a prototype nutrient sensing system for livestock slurries[J].Journal of Agricultural Engineering Research, 69(3): 217-228.
SCS. 1967. Soil Conservation Service[M]. United States: Soil Conservation Service, U.S. Dept. of Agriculture.
Sere C. 1994. Characterisation and Quantification of Livestock Production Systems[R].
Sharpley A N, Chapra S C, Wedepohl R, et al. 1994. Managing agricultural phosphorus for protection of surface waters - issues and options[J]. Journal of Environmental Quality, 23(3): 437-451.
Shekhar S, Chawla S, Ravada S, et al. 1999. Spatial databases - Accomplishments and research needs[J]. IEEE Transactions on Knowledge and Data Engineering, 11(1): 45-55.
Shen Z Y, Liao Q, Hong Q, et al. 2012. An overview of research on agricultural non-point source pollution modelling in China[J]. Separation and Purification Technology, 84: 104-111.
Shortle J S, Abler D G. 2001. Environmental Policies for Agricultural Pollution Control[M]. Wallingford, Oxon, UK; New York: CABI Pub.
Shrestha S, Kazama F. 2007. Assessment of surface water quality using multivariate statistical techniques: A case study of the Fuji river basin, Japan[J]. Environmental Modelling & Software,

22(4): 464-475.
Shrestha S, Kazama F, Newham L T H. 2008. A framework for estimating pollutant export coefficients from long-term in-stream water quality monitoring data[J]. Environmental Modelling & Software, 23(2): 182-194.
Sibbesen E, Runge-Metzger A. 1995. Phosphorus Balance in European Agriculture: Status and Policy[M]. Phosphorus in the Global Environment: Transfers, Cycles,and Wiley. New York: 43-57.
Sim W J, Lee J W, Lee E S, et al. 2011. Occurrence and distribution of pharmaceuticals in wastewater from households, livestock farms, hospitals and pharmaceutical manufactures[J]. Chemosphere, 82(2): 179-186.
Smil V. 1993. China's Environmental Crisis: An Inquiry Into the Limits of National Development[M]. Armonk, N.Y.: M.E. Sharpe.
Smith J, Douglas C, Bondurant J. 1972. Microbiological quality of subsurface drainage water from irrigated agricultural land[J]. Journal of Environment Quality, 1(3): 308-311.
Smith K A, Charles D R, Moorhouse D. 2000. Nitrogen excretion by farm livestock with respect to land spreading requirements and controlling nitrogen losses to ground and surface waters. Part 2: Pigs and poultry[J]. Bioresource Technology, 71(2): 183-194.
Smith K A, Frost J P. 2000. Nitrogen excretion by farm livestock with respect to land spreading requirements and controlling nitrogen losses to ground and surface waters. Part 1: cattle and sheep[J]. Bioresource Technology, 71(2): 173-181.
Steinfeld H, De Haan C, Blackburn H D, et al.1997. Livestock-Environment Interactions: Issues and Options[M]. European Commission Directorate-General for Development, Development Policy Sustainable Development and Natural Resources.
Stevens R J, O'bric C J, Carton O T. 1995. Estimating nutrient content of animal slurries using electrical-conductivity[J]. The Journal of Agricultural Science, 125(2): 233-238.
Sutton A L. 1994. Proper animal manure utilization[J]. Journal of Soil and Water Conservation, 49(2): 65-70.
Tamminga S. 2003. Pollution due to nutrient losses and its control in European animal production[J]. Livestock Production Science, 84(2): 101-111.
Tao S. 1995. Kriging and mapping of copper, lead, and mercury contents in surface soil in Shenzhen Area[J]. Water Air & Soil Poll, 83(1-2): 161-172.
Thom E C. 1959. The discomfort index[J]. Weatherwise, 12(2): 57-61.
Thoma D P, Gupta S C, Strock J S, et al. 2005. Tillage and nutrient source effects on water quality and corn grain yield from a flat landscape[J]. Journal of Environmental Quality, 34(3): 1102-1111.
Tim U S, Jolly R. 1994. Evaluating agricultural nonpoint-source pollution using integrated geographic information-systems and hydrologic/water quality model[J]. Journal of Environmental Quality, 23(1): 25-35.
Tobler W R. 1970. A computer movie simulating urban growth in the Detroit region[J]. Economic Geography, 46: 234-240.
Tobler W R. 1975. Linear Operators Applied to Areal Data[M]. New York: John Wiley: 14-37.
Trachtenberg E, Ogg C. 1994. Potential for reducing nitrogen pollution through improved agronomic practices[J]. Journal of the American Water Resources Association, 30(6): 1109-1118.
Tsou M S, Zhan X Y. 2004. Estimation of runoff and sediment yield in the Redrock Creek watershed using AnnAGNPS and GIS[J]. Journal of Environmental Sciences-China, 16(5): 865-867.
USEPA. 2003. Nonpoint Source Pollution from Agriculture[M].
van Meirvenne M, Goovaerts P. 2001. Evaluating the probability of exceeding a site-specific soil cadmium contamination threshold[J]. Geoderma, 102(1-2): 75-100.
Veldkamp A, Fresco L O. 1996. CLUE-CR: An integrated multi-scale model to simulate land use change scenarios in Costa Rica[J]. Ecological Modelling, 91(1-3): 231-248.
Verburg P H, van Keulen H.1999. Exploring changes in the spatial distribution of livestock in China[J]. Agricultural Systems, 62(1): 51-67.

Vighi M, Chiaudani G. 1987. Eutrophication in Europe: the role of agricultural activities//Hodgson E. Reviews of Environmental Toxicology[M]. Amsterdam: Elsevier: 213-257.
Wang Q, Ni J, Tenhunen J. 2005. Application of a geographically-weighted regression analysis to estimate net primary production of Chinese forest ecosystems[J]. Global Ecology and Biogeography, 14(4): 379-393.
Wang X Y, Wang X F, Wang Z G, et al. 2003. Nutrient loss from various land-use areas in Shixia small watershed of Miyun County, Beijing, China[J]. Chinese Journal of Geochemistry, (2):173-178.
Wei C Y, Wang C, Yang L S. 2009. Characterizing spatial distribution and sources of heavy metals in the soils from mining-smelting activities in Shuikoushan, Hunan Province, China[J]. Journal Environmental Sciences-China, 21(9): 1230-1236.
Wheeler D C. 2007. Diagnostic tools and a remedial method for collinearity in geographically weighted regression[J]. Environment &Planning A, 39(10): 2464-2481.
Wheeler D C. 2009. Simultaneous coefficient penalization and model selection in geographically weighted regression: The geographically weighted lasso[J]. Environment &Planning A, 41(3): 722-742.
Wheeler D C, Calder C A. 2007. An assessment of coefficient accuracy in linear regression models with spatially varying coefficients[J]. Journal Geographical Systems, 9(2): 145-166.
Wheeler D C, Páez A. 2010. Geographically Weighted Regression[M]// Fischer M M, Getis A. Handbook of Applied Spatial Analysis: Software Tools, Methods and Applications. New York: Springer: 461-486.
White D H, Lubulwa G A, Menz K, et al. 2001. Agro-climatic classification systems for estimating the global distribution of livestock numbers and commodities[J]. Environment International, 27(2-3): 181-187.
Whittemore R C. 1998. The BASINS model[J]. Water Environment &Technology, 10(12): 57-61.
Wilkinson J M, Hill J, Phillips C J C. 2003. The accumulation of potentially-toxic metals by grazing ruminants[J]. Proceedings of the Nutrition Society, 62(2): 267-277.
Wilson E J, Skeffington R A. 1994. The effects of excess nitrogen deposition on young Norway spruce trees. Part Ⅰ: The Soil[J]. Environmental Pollution, 86(2): 141-151.
Wittwer S H. 1987. Feeding A Billion: Frontiers of Chinese Agriculture[M]. East Lansing: Michigan State University Press.
Wong J W C, Ma K K, Fang K M, et al. 1999. Utilization of a manure compost for organic farming in Hong Kong[J]. Bioresource Technology, 67(1): 43-46.
World Water Assessment Programme. 2001. Water Security: A Preliminary Assessment of Policy Progress since Rio[M]. Paris: UNESCO.
Young R A, Onstad C A, Bosch D D, et al. 1989. AGNPS - A nonpoint-source pollution model for evaluating agricultural watersheds[J]. Journal of Soil and Water Conservation, 44(2): 168-173.
Zhang C S. 2006. Using multivariate analyses and GIS to identify pollutants and their spatial patterns in urban soils in Galway, Ireland[J]. Environmental Pollution, 142(3): 501-511.
Zhang C S, Luo L, Xu W L, et al. 2008. Use of local Moran's I and GIS to identify pollution hotspots of Pb in urban soils of Galway, Ireland[J]. Science of the Total Environment, 398(1-3): 212-221.
Zhang C S, McGrath D. 2004. Geostatistical and GIS analyses on soil organic carbon concentrations in grassland of southeastern Ireland from two different periods[J]. Geoderma, 119(3-4): 261-275.
Zhang H C, Cao Z H, Shen Q R, et al. 2003. Effect of phosphate fertilizer application on phosphorus (P) losses from paddy soils in Taihu Lake Region I. Effect of phosphate fertilizer rate on P losses from paddy soil[J]. Chemosphere, 50(6): 695-701.
Zhang X D, Huang G H, Nie X H. 2011. Possibilistic stochastic water management model for agricultural nonpoint source pollution[J]. Journal of Water Resources Planning and Management, 137(1): 101-112.

附录　土地利用类型及含义

大类名称	亚类名称	含义
耕地	—	指种植农作物的土地，包括熟耕地、新开荒地、休闲地、轮歇地、草田轮作地；以种植农作物为主的农果、农桑、农林用地；耕种三年以上的滩地和滩涂
	水田	指有水源保证和灌溉设施，在一般年景能正常灌溉，用以种植水稻、莲藕等水生农作物的耕地，包括实行水稻和旱地作物轮种的耕地
	旱地	指无灌溉水源及设施，靠天然降水生长作物的耕地；有水源和浇灌设施，在一般年景下能正常灌溉的旱作物耕地；以种菜为主的耕地，正常轮作的休闲地和轮歇地
林地	—	指生长乔木、灌木、竹类以及沿海红树林地等林业用地
	有林地	指郁闭度>30%的天然木和人工林，包括用材林、经济林、防护林等成片林地
	灌木林	指郁闭度>40%、高度在 2 米以下的矮林地和灌丛林地
	疏林地	指郁闭度为 10%~30%
	其他林地	未成林造林地、迹地、苗圃及各类园地（果园、桑园、茶园、热作林园地等）
草地	—	指以生长草本植物为主，覆盖度在 5%以上的各类草地，包括以牧为主的灌丛草地和郁闭度在 10%以下的疏林草地
	高覆盖度草地	指覆盖度在>50%的天然草地、改良草地和割草地，此类草地一般水分条件较好，草被生长茂密
	中覆盖度草地	指覆盖度在 20%~50%的天然草地和改良草地，此类草地一般水分不足，草被较稀疏
	低覆盖度草地	指覆盖度在 5%~20%的天然草地。此类草地水分缺乏，草被稀疏，牧业利用条件差
水域	—	指天然陆地水域和水利设施用地
	河渠	指天然形成或人工开挖的河流及主干渠常年水位以下的土地，人工渠包括堤岸
	湖泊	指天然形成的积水区常年水位以下的土地
	水库坑塘	指人工修建的蓄水区常年水位以下的土地
	永久性冰川雪地	指常年被冰川和积雪所覆盖的土地
	滩涂	指沿海大潮高潮位与低潮位之间的潮侵地带
	滩地	指河、湖水域平水期水位与洪水期水位之间的土地
城乡、工矿、居民用地	—	指城乡居民点及县镇以外的工矿、交通等用地

续表

大类名称	亚类名称	含义
城乡、工矿、居民用地	城镇用地	指大、中、小城市及县镇以上建成区用地
	农村居民点	指农村居民点
	其他建设用地	指独立于城镇以外的厂矿、大型工业区、油田、盐场、采石场等用地、交通道路、机场及特殊用地
未利用土地	—	目前还未利用的土地，包括难利用的土地
	沙地	指地表为沙覆盖，植被覆盖度在5%以下的土地，包括沙漠，不包括水系中的沙滩
	戈壁	指地表以碎砾石为主，植被覆盖度在5%以下的土地
	盐碱地	指地表盐碱聚集，植被稀少，只能生长耐盐碱植物的土地
	沼泽地	指地势平坦低洼，排水不畅，长期潮湿，季节性积水或常积水，表层生长湿生植物的土地
	裸土地	指地表土质覆盖，植被覆盖度在5%以下的土地
	裸岩石砾地	指地表为岩石或石砾，其覆盖面积5%以下的土地
	其他	指其他未利用土地，包括高寒荒漠、苔原等